INTRODUCTION TO COSMETICS

化粧品概論 第2版

張雒媗 編著

全華圖書股份有限公司

國家圖書館出版品預行編目（CIP）資料

國家圖書館出版品預行編目(CIP)資料

化粧品概論 = Introduction to cosmetic / 張雉媗編著. --
二版. -- 新北市 : 全華圖書股份有限公司, 2023.09
　　面；　公分
ISBN 978-626-328-634-4(平裝)

1.CST: 化粧品

466.7　　　　　　　　　　　　　　112012948

化粧品概論（第二版）

作　　　者／張雉媗

發 行 人／陳本源

執行編輯／梁嘉倫、王博昶

封面設計／楊昭琅

出 版 者／全華圖書股份有限公司

郵政帳號／0100836-1號

印 刷 者／宏懋打字印刷股份有限公司

圖書編號／0828801

二版一刷／2023 年 9 月

定　　　價／新臺幣 450 元

I S B N／978-626-328-634-4(平裝)

全華圖書／www.chwa.com.tw

全華網路書店 Open Tech／www.opentech.com.tw

若您對書籍內容、排版印刷有任何問題，歡迎來信指導book@chwa.com.tw

臺北總公司（北區營業處）
地址：23671 新北市土城區忠義路21號
電話：(02) 2262-5666
傳真：(02) 6637-3695、6637-3696

南區營業處
地址：80769高雄市三民區應安街12號
電話：(07) 381-1377
傳真：(07) 862-5562

中區營業處
地址：40256 臺中市南區樹義一巷26號
電話：(04) 2261-8485
傳真：(04) 3600-9806（高職）
　　　(04) 3601-8600（大專）

推薦序 FOREWORD

千呼萬喚始出來，作者終將自己努力精進教學相長的成績展現出來，雜媗的努力與成長讓我著實驚嘆，從離開公司後仍執著於自己熱愛的工作，除了專業能力還有不斷自我成長，到如今站立腳根，還能出版自己的心血結晶，確實可喜可賀。

本書內容涵括認識化粧品產業及發展趨勢、皮膚與化粧品相關性應用以及化粧品原料與應用等，透過深入淺出之內容將化粧品產業現況、皮膚學應用論述與化粧品製劑常用之化粧品原物料彙整，這本成果奉獻給培育未來化粧品相關產業之專業人士，作為學習的參考書。

預祝雜媗今後能百尺竿頭，更進一步，日後在自己專業領域，為後進的學習，成為良師益友。

維亨實業股份有限公司　總經理

李述銘

推薦序 FOREWORD

首先，很高興有這個機會來為雅媗寫這本書的推薦。我本人在講台教授化學課程 30 年，從未想過有一天會為化妝品的專業書籍寫推薦文。

但就在七、八年前的一個偶然機會下，促使我從化學講台走向梳妝台，進而創辦了一家以天然成份為主軸的化妝保養品與清潔用品公司－沐柔天然生技坊，也因此埋下了日後我與雅媗熟識的伏筆。雖說化妝品與化學有很大的關係。然而，隔行依然如隔山，在這轉型的過程中，我其實找尋了市面上很多化妝品相關的書籍，但始終找不到一本化妝品書籍可以很全面性的論述完整，尤其是除了要深入淺出的舉例，卻還要切中重點。難能可貴的是，雅媗老師本身除了專業知識豐富外，也因她長期接觸各種化妝品的原物料，因此，對於原物料的使用與搭配，完全跳脫全理論的敘述，更能夠提供實際面的特性，同時提出最佳的搭配，使得讀者可因此而觸類旁通，進而自行發展出自己的配方模式，而讓產品更佳有效與更富有創意。我想這也是一般其他同類書籍無法做到的，但雅媗她做到了！我想這與其嚴謹的做事態度有關，這點倒是與我這種「完美主義」之人有幾分相似，也因此我也頗能感受到她寫這本書的壓力吧！

本書的內容分成五大章，除了大家較注重的各效能保養品的調製外，其實她卻更細膩的將化妝品的相關知識與順序安排鋪陳的非常恰當。同時在每個章節後面也設計非常實用的回饋型練習題目，這真鑒於我本人編著化學相關課程的課本與講義近三百本，因此對於所謂的課本內容好壞優劣，自然是很難逃脫我的完美個性之要求了。

　　然而，對於本書的編寫方式，還有內容的豐富細緻，我本人非常的樂意在此推薦所有的讀者，好好的用心研讀，不論是相關工作者、大專院校學生、甚至高中職學生，此書都將是一本非常棒且實用的化妝品概論用書。

　　在此，除了推薦此書之外，我也要代表化妝品界向雅媗說聲謝謝，願此書能為我們的國家造就出更多更好的化妝品人才。

沐柔天然生技坊 創辦人

黃剛綠檢測有限公司實驗室 負責人

2019 年 8 月酷暑　于北投黃剛綠實驗室

推薦序 FOREWORD

　　隨著全球醫療技術快速發展情況下，其中美容市場結合醫療以更強大勢力且規模化的穩定成長，乃基於人們更加重視與提升外貌的美化，並有年輕化趨勢，同時也驅動化粧品產業的蓬勃發展。

　　面臨化粧品市場競爭與產品眾多，整體銷售模式早已取代傳統型態的銷售據點，各個通路如百貨專櫃、網路銷售、超商、沙龍、診所等遍地開花，並形成一股強而有力的主要行銷商品，然各式品牌的崛起無論是台灣、日本、韓國或歐洲等進口品牌來源更是不絕於耳，造成的競爭與風潮，包括代言、包裝、訴求及價格優勢甚至吹噓行銷手段等，更造成消費者難以抉擇之窘境。

　　有名無實或有實無名的化粧品想必會是消費者心中的疑惑，然無論何種產品，甚至打造專屬的 DIY 化粧品調製等，其中欲建製一款符合個人或大眾膚質的化粧品，往往會有許多不同的可參考因素、價值及觀點。基於消費者而言，首重乃必須基於對於個人的膚質屬性的認識與瞭解，並透過正確的皮膚保養與護理方式；而身為銷售者則扮演著傳達與教育的重要角色，如產品特性、正確的使用方式與協助膚質的認識等，而另一方，開發一款符合理想的化粧品，除了必須熟悉膚

質屬性外，還必須能掌握化粧品成分與原料的特性及製造程序等系統化的管理。

　　本書『化粧品概論』具備系統化的彙整，如皮膚類型、美白、老化、防曬與化粧品的相關性等，由淺入深的探討與論點，可作為化粧品入門書籍之首選，藉由清楚的單元分類及皮膚與化粧品間作用機制，同時對於各種常見化粧品成分也能透過本書能有更近一步的認識與瞭解，相信能帶給讀者們更廣泛且廣義的學習新思維。

戴德森醫療財團法人嘉義基督教醫院

皮膚科主任

作者序 PREFACE

　　有鑑於我國現今化粧品市場，正處於破舊立新之際，近幾年政府部門正持續積極推動化粧品相關法規之修正，其目的為使台灣化粧品產業邁向國際化發展與全球生技產業接軌。

　　本書以化粧品業界角度編輯撰文，分為五大單元：緒論、皮膚護理與化粧品的應用、化粧品原料與應用、防腐劑在化粧品中的應用及化粧品成分與配方的應用，其中第一章緒論是針對台灣化粧品的最新定義及我國目前的化粧品產業之發展趨勢與展望，期許能讓讀者更瞭解世界美粧產業市場現況與需求；第二章是將人體皮膚學原理與化粧品的相關性由淺入深之論述，有助於更明確的認識皮膚與化粧品之生理作用與原理機轉，第三章是透過學術分類和業界實務方式將各項原料架構作為彙整，有助於教學、業界或相關專業領域者能更快速明確的認識化粧品原料與區分；第四章則特地將防腐劑在化粧品中的應用以實務作為參考依據，其目的是能對於化粧品防腐劑有更多的安全應用與新知，最後則以淺顯易懂的配方架構呈現，透過列舉各式化粧品成分與配方的應用組合，將有助於初學者更能輕鬆理解與快速上手之模擬配方設計之應用。

本書以深入淺出之理論與業界實務集結，作為化粧品相關產業與在校化粧品專業人才孕育、研讀精進學習之教材。

　　最後，筆者對於本書以嚴謹態度與力求完美，並特別感謝各校諸位教授與業界專家對雒媗之提點指導，然仍若有疏漏之處，尚祈各位先進不吝指正賜教，不勝感荷。

作者

張雒媗 謹識

目錄 CONTENTS

CHAPTER *1*
緒論

CHAPTER *2*
皮膚機理與化粧品的相關性

CHAPTER *3*
化粧品原料與應用

CHAPTER *4*
防腐劑在化粧品中的應用

CHAPTER *5*
化粧品成分與配方的應用

※書末附有各章節習題

CHAPTER *1*

緒論

1-1　各國化粧品的定義

　　化粧品是廣泛運用於我們日常生活中之物品，例如每日所需使用之清潔產品，作為洗澡、沐浴、盥洗等，且其成分也應用於寵物、家事洗滌及環境清潔等；除此之外，化粧品用於人體外部可作為美化、保護或提升外表及身心健康之目的，例如使用彩粧產品修飾外貌，可以提升個人自信、香味產品可以使人感覺心情愉悅、油脂或乳液產品可避免皮膚乾燥而達到保護作用等，因此，化粧品與我們的生活更是密不可分。

一、臺灣化粧品的定義

　　依據我國行政院衛生福利部食品藥物管理署（TFDA）所制定《化粧品衛生安全管理法》（於中華民國 107 年 04 月 10 修正，並於民國 107 年 5 月 2 日公布修正）之第一章（總則）第 3 條，化粧品的定義為：「指施於人體外部、牙齒或口腔黏膜，用以潤澤髮膚、刺激嗅覺、改善體味、修飾容貌或清潔身體之製劑。但依其他法令認屬藥物者，不在此限」。

二、日本化粧品的定義

　　日本關於化粧品的相關事宜是由「厚生勞動省」管理，並依據《日本藥事法（分為藥品、準藥品、化粧品和醫藥品）》，將化粧品定義為：「化粧品是為了清潔、美化人體、增加魅力和改變容貌。保持皮膚及頭髮健美而塗擦、散佈於身體或用類似方法使用的物品，對人體作用緩和的製品」。

三、中華人民共和國化粧品的定義

依據《化粧品衛生監督條例》，將化粧品定義為：「是指以塗擦、噴灑或者其他類似的方法，散佈於人體表面任何部位（皮膚、毛髮、指甲、口唇等），以達到清潔、消除不良氣味、護膚、美容和修飾目的的日用化學工業產品。」

四、美國化粧品的定義

由美國食品藥物管理局（U.S.FDA）所制定《食品、藥物及化粧品法（Federal Food, Drug & Cosmetic Act（FD&C Act））》中，依預定使用目的，將化粧品定義為「擦、倒、噴、灑或其他等方式使用於人體或任何部位用以清潔、美容、增進吸引力或改變外觀的商品」。本定義所包含之產品包括保濕水、香水、唇膏、指甲去光水、眼睛和臉部化粧品配方、洗髮精、燙髮劑、染髮劑和除臭劑，以及預定作為化粧品成分使用之任何物質。

五、歐盟化粧品的定義

歐盟會員國（共 28 個會員國）依成員國之衛生主管機關所共同制定的《歐盟化粧品法規（法規（EC）第 1223/2009 號）第 2 條（Article 2 of the EU Cosmetics Regulation（Regulation（EC） No. 1223/2009））》中，將化粧品定義為：「指任何可能在使用時會接觸到人體外部（表皮、毛髮系統、指／趾甲、口唇或外生殖器）或牙齒及口腔之黏膜，且其唯一或是主要用途為清潔、芳香、改變外觀及或保護、維持良好狀態的物質或混合物」。

六、東協十國化粧品的定義

東協十國：汶萊、柬埔寨、印尼、寮國、馬來西亞、緬甸、菲律賓、新加坡、泰國及越南，以歐盟化粧品的定義做為參考藍本，目的是統一成員國的化粧品技術標準，提升產品品質與安全性，以及利於進入歐盟市場。依各國之衛生主管機關所共同制定的《東協化粧品法規（ASEAN Cosmetic Directive）》，將化粧品定義為：「指接觸於人體各外部器官（表皮（皮膚）、毛髮、指（趾）甲、嘴（口）唇或外生殖器官）或與口腔內部牙齒及黏膜接觸，預定或主要用於清潔、增加芳香、改變容貌、消除不良體味、保護及保養（6 個目的）使維持良好狀態為主要目的之物質或製劑」。

七、韓國化粧品的定義

韓國食品藥品管理局（Korean Food and Drug Administration（KFDA））由韓國食品藥品安全部（Ministry Of Food And Drug Safety MFDS）監管，將化粧品分為普通化粧品、功能性化粧品及準藥物三大類，並定義為：「用於人體清潔、美化、增加魅力、改變容貌或維持皮膚及毛髮健康的物品，以塗抹及噴撒等類似方法施於身體為目的而使用的物品」。其中防晒、美白及抗皺等產品屬於功能性化粧品，需經功能性化粧品審批，而抗痤瘡產品則為準藥物。

1-2　化粧品的分類

化粧品是我們日常生活中所需物品，其範圍十分廣大，基於化粧品的定義：「指施於人體外部、牙齒或口腔黏膜」，作為化粧品之分類標準，並分為十四類及其品目範圍。

一、依政府公告分類

我國衛生福利部食品藥物管理署（TFDA）自 108 年 5 月 28 日公告（發文字號：衛授食字第 1071610115 號），依據「化粧品衛生安全管理法」第三條第二項公告修正「化粧品範圍及種類表」，將化粧品分為十四類，自 108 年 7 月 1 日施行，第十四項「非藥用牙膏、漱口水類」自 110 年 7 月 1 日施行。（如表 1-1 所示）

表 1-1　化粧品範圍及種類表

發文日期：中華民國 108 年 5 月 28 日

發文字號：衛授食字第 1071610115 號

種類	品目範圍
洗髮用化粧品類	1. 洗髮精、洗髮乳、洗髮霜、洗髮凝膠、洗髮粉 2. 其他
洗臉卸粧用化粧品類	1. 洗面乳、洗面霜、洗面凝膠、洗面泡沫、洗面粉 2. 卸粧油、卸粧乳、卸粧液 3. 其他
沐浴用化粧品類	1. 沐浴油、沐浴乳、沐浴凝膠、沐浴泡沫、沐浴粉 2. 浴鹽 3. 其他
香皂類	1. 香皂 2. 其他
頭髮用化粧品類	1. 頭髮滋養液、護髮乳、護髮霜、護髮凝膠、護髮油 2. 造型噴霧、定型髮霜、髮膠、髮蠟、髮油 3. 潤髮劑 4. 髮表著色劑 5. 染髮劑 6. 脫色、脫染劑 7. 燙髮劑 8. 其他

種類	品目範圍
化粧水 / 油 / 面霜乳液類	1. 化粧水、化粧用油 2. 保養皮膚用乳液、乳霜、凝膠、油 3. 剃鬍水、剃鬍膏、剃鬍泡沫 4. 剃鬍後用化粧水、剃鬍後用面霜 5. 護手乳、護手霜、護手凝膠、護手油 6. 助晒乳、助晒霜、助晒凝膠、助晒油 7. 防晒乳、防晒霜、防晒凝膠、防晒油 8. 糊狀（泥膏狀）面膜 9. 面膜 10. 其他
香氛用化粧品類	1. 香水、香膏、香粉 2. 爽身粉 3. 腋臭防止劑 4. 其他
止汗制臭劑類	1. 止汗劑 2. 制臭劑 3. 其他
唇用化粧品類	1. 唇膏 2. 唇蜜、唇油 3. 唇膜 4. 其他
覆敷用化粧品類	1. 粉底液、粉底霜 2. 粉膏、粉餅 3. 蜜粉 4. 臉部（不包含眼部）用彩粧品 5. 定粧定色粉、劑 6. 其他

種類	品目範圍
眼部用化粧品類	1. 眼霜、眼膠 2. 眼影 3. 眼線 4. 眼部用卸粧油、眼部用卸粧乳 5. 眼膜 6. 睫毛膏 7. 眉筆、眉粉、眉膏、眉膠 8. 其他
指甲用化粧品類	1. 指甲油 2. 指甲油卸除液 3. 指甲用乳、指甲用霜 4. 其他
美白牙齒類	1. 牙齒美白劑 2. 牙齒美白牙膏
非藥用牙膏、漱口水類	1. 非藥用牙膏 2. 非藥用漱口水

備註：以上依衛生福利部公告，自 110 年 7 月 1 日起，產品於上市前，業者須完成產品登錄、建立產品資訊檔案（ Product Information File,PIF ） 及其製造場所須符合優良製造準則（GMP），以取代含藥化粧品查驗登記制度。

　　其中將非藥用之牙膏及漱口水納入化粧品管理及含有醫療及獨具藥品成分之化粧品為「特定用途化粧品」（原名稱為含藥化粧品）。

二、依化粧品製造場所類型與化粧品劑型分類

　　由衛生福利部食品藥物管理署依「化粧品製造工廠設廠標準」之化粧品製造場所類型，考量化粧品產品屬性及製程特性，訂定化粧品劑型分類原則，作為業者申請化粧品優良製造 (GMP) 證明書之參考。（如表 1-2 所示）

表 1-2 化粧品劑型分類原則

發文日期：中華民國 109 年 4 月 30 日
發文字號：衛授食字第 1091102475 號

GMP 核定劑型	參考品目範圍
粉劑	1. 洗髮粉、洗面粉、沐浴粉、香粉、爽身粉、蜜粉、定粧定色粉、眉粉 2. 髮表著色劑（粉）、牙齒美白劑（粉）、粉餅（粉）、眼影（粉）、臉部（不含眼部）用彩粧品（粉） 3. 其他
液劑	1. 卸粧液、頭髮滋養液、燙髮劑、化粧水、剃鬚水、剃鬚後用化粧水、香水、定粧定色劑、指甲油卸除液、非藥用漱口水 2. 面膜（液）、腋臭防止劑（液）、止汗劑（液）、制臭劑（液）、洗髮凝膠（液）、洗面凝膠（液）、沐浴凝膠（液）、護髮凝膠（液）、保養皮膚用凝膠（液）、護手凝膠（液）、助晒凝膠（液）、防晒凝膠（液）、洗面泡沫（液）、沐浴泡沫（液） 3. 其他
乳劑	1. 洗髮精、洗髮乳、洗髮霜、洗面乳、洗面霜、卸粧乳、沐浴乳、護髮乳、護髮霜、定型髮霜、髮膠、潤髮劑、保養皮膚用乳液、保養皮膚用乳霜、剃鬚膏、剃鬚後用面霜、護手乳、護手霜助晒乳、助晒霜、防晒乳、防晒霜、防晒油、糊狀（泥膏狀）面膜、眼霜、眼膠、眼線、眼部用卸粧乳、睫毛膏、眉膏、眉膠、指甲用乳、指甲用霜、牙齒美白牙膏、非藥用牙膏 2. 洗髮凝膠（乳）、洗面凝膠（乳）、洗面泡沫（乳）、沐浴凝膠（乳）、沐浴泡沫（乳）、護髮凝膠（乳）、髮表著色劑（乳）、染髮劑（乳）、保養皮膚用凝膠（乳）、護手凝膠（乳）、助晒凝膠（乳）、防晒凝膠（乳）、面膜（乳）、眼膜（乳）、臉部（不含眼部）用彩粧品（乳）、牙齒美白劑（乳） 3. 其他

GMP 核定劑型	參考品目範圍
油劑	1. 卸粧油、沐浴油、護髮油、髮油、化粧用油、保養皮膚用油、護手油、助晒油、眼部用卸粧油、指甲油 2. 其他
油膏	1. 髮蠟、脫色脫染劑、香膏、唇膏 2. 髮表著色劑（油膏）、染髮劑（油膏）、腋臭防止劑（油膏）、止汗劑（油膏）、制臭劑（油膏） 3. 其他
固形	1. 浴鹽 2. 粉餅（固形）、眼影（固形）、眼膜（固形）、牙齒美白劑（固形） 3. 其他
眉筆	1. 眉筆 2. 其他
噴霧劑	1. 造型噴霧、剃鬍泡沫 2. 腋臭防止劑（噴霧）、止汗劑（噴霧）、制臭劑（噴霧） 3. 其他
非手工香皂	1. 香皂 2. 其他
手工香皂	1. 香皂 2. 其他

備註：業者可參考本劑型分類原則，依化粧品產品屬性及製程特性自行評估所屬產品劑型類別。

三、依化粧品製劑之使用目的與功用分類

依消費者使用部位、需求、使用目的或習慣，分類出各種化粧品製劑之使用目的與功用，可分為以下六大類：（如表 1-3 所示）

表 1-3　各種化粧品製劑之使用目的與功用

使用目的	使用功用	品目範圍
臉部皮膚用製劑	清潔用類（Cleansing）	卸粧油、卸粧乳、卸粧凝膠、洗顏粉、洗面乳、洗面（顏）露等。
	化粧水或純露類（Toner or Floral Water）	保濕化粧水、收斂化粧水、花水純露或面皰水等。
	精華液類（Serum）	面膜精華液、保濕精華液、抗皺（活膚）精華液、修護精華液、美白液或精華油等。
	凝膠類（Jelly / Gel）	面膜或保濕凝膠等。
	乳液類（Lotion）	保濕乳液、清爽乳液、滋潤乳液、抗皺（活膚）乳液、修護乳液、美白乳液或面皰乳液等。
	乳霜類（Cream）	面膜、面霜、乳霜或滋養霜等。
	特殊護理類（Treatment）（含調理或特定含藥）	面膜、去角質凝膠、果酸精華（乳）液、控油、眼膠、眼霜、面皰（抗痘）精華（素）液、美白精華、抗皺精華、修護（鎮靜）精華或芳香精油等。
	防晒類（Sunscreen）	日用乳液、日霜、防晒霜或隔離霜（乳）等。
彩粧用製劑	粉底類（Foundation）	飾底乳、粉底液、粉條、粉膏、BB 霜或遮瑕膏等。
	修容粉類（Repair Powder）	粉餅、蜜粉、修容粉或腮紅等。
	眼彩類（Eyeshadow）	眼影、眼線筆、眼線液、睫毛膏、眉筆或眉粉等。
	指甲彩類（Nail color）	指甲彩繪、指甲油或護甲油等。
	唇彩類（Lip gloss）	護唇膏、口紅、唇線筆或唇蜜等

使用目的	使用功用	品目範圍
頭髮或頭皮用製劑	頭髮清潔類（Shampoo）	洗髮精、洗髮露、洗髮乳或洗髮水等。
	頭髮護髮類（Conditioning treatment）	潤髮乳、護髮乳、護髮霜（素）或護髮油（素）等。
	頭髮造型或塑型類（Hair Styling, Fixative）	暫時性染膏、髮膠、定型液、定型噴霧、慕絲、髮膜、髮臘、燙髮液或染髮劑等。
	頭皮養護類（Scalp maintenance）（含調理或特定含藥）	頭皮水（養髮或生髮液）抗屑洗髮乳或頭皮去角質等。
身體護理或其他清潔用製劑	身體護理（Body Treatment）	身體乳、護手乳（霜）、身體按摩油、牙膏、肥皂（香皂）、沐浴乳等。
芳香用製劑	芳香油（Aromatic Oil）	香水、香膏或香精油等。
其他特殊目的用製劑	特殊護理（Special Treatment）	爽身粉、脫毛劑、制汗或除臭劑等。

1-3 化粧品產業與發展趨勢

隨著全球化粧品產業之興盛，人們對於產品安全及環境保護之重視，因此各國除了強化產品技術與效能外，為符合國際間之競爭與發展，訂定相關新法規，包括化粧品製造場所須符合優良製造準則 (GMP)、產品建立資訊檔案 (PIF) 及相關認證等，將是化粧品產業發展的重要一大步。

一、生技化粧品趨勢

所謂生物技術（Biotechnology）是藉由生物工程與基因轉殖等技術，將自然界所存在具有繁殖作用的生命體如：植物、動物、海洋生物及微生物轉化為更具有價值與益處的物質，廣泛應用於農業、工業、醫藥、保健食品及化粧品。

以化粧品來說，透過植物萃取、動物細胞與微生物培養、生化、基因重組及酵母發酵等技術，製造出延緩老化、美白、修復、保濕、抗氧化及各種動植物及天然界面活性劑等功能性原料。

隨著愈來愈多國家致力於生物工程技術的研發，包括：臺灣、歐洲、美國、日本、韓國及中國大陸等，致力於生技化粧品相關性原料的研發，例如：天然植物和藥草萃取、胜肽膠原蛋白或結合奈米化技術等成分，進而創造出皮膚美白、抗老化、調控細胞再生與活化組織等功能性產品，並成為全球市場一大主流。

另一方面，為確保民眾在選購化粧品使用安全，並有助於臺灣化粧品管理與國際接軌，使臺灣化粧品產業更具國際競爭力，臺灣衛生福利部與經濟部極力推廣現行「自願性化粧品優良製造規範（Voluntary Cosmetics Good Manufacturing Practices，簡稱 GMP）」，以我國國家標準 CNS 22716 為驗證品質管理系統之依據，接軌國際標準組織化粧品優良製造規範（ISO 22716：Cosmetics － Good manufacturing practices（GMP）－ Guidelines on good manufacturing practices）之規定作為目標。因此傳統之化粧品工廠已陸續依照衛生福利部規定，通過升等為化粧品優良製造規範（GMP）。

衛生福利部為強化生產管理，針對不同種類產品分階段實施：民國 113 年 7 月 1 日起首先將含藥化粧品納入 GMP 強制認證範圍，並修訂為特定用途化粧品；民國 114 年 7 月 1 日起將嬰兒用、唇用與眼部用

化粧品與非藥用之牙膏及漱口水之一般化粧品；115 年 7 月 1 日起所有一般化粧品 (免工廠登記之固態手工皂業者除外) 將全納入要求範圍。

二、化粧品之相關認證

（一）天然及有機化粧品

近年來隨著氣候變遷與環境保護等議題逐漸為人所重視，消費者對於食品與民生用品等相關健康成分及環保意識覺醒，化粧品以自然、生態、植物、純粹、純淨、天然、有機、無污染、低致敏及低刺激性等作為產品標示或成分訴求，幾乎已成為符合消費者心中所認知的健康與環保概念，因此有更多的化粧品相關產業以天然、自然、綠能或綠色環保作為品牌精神、定位、經營理念與風格等價值性主張。

無論是產品包裝、訴求、配方及成分和功能等，甚至透過以科學驗證及環保相關數據研究或報導，訴求對地球、環境、保育及人體健康與安全等是有幫助的，藉此提升消費者選擇與認同的新訴求。以下介紹幾種常見的天然（NATURAL）及有機認證（ORGANIC）：

1. 歐洲天然及有機化粧品之國際認證

COSMOS（Cosmetic Organic Standard）認證標準，自 2010 年成立，是由五個主要歐洲國際組織所組成，分別為 BDIH（德國）、COSMEBIO（法國）、ECOCERT（法國）、AIAB / ICEA（義大利）和 SOIL ASSOCIATION（英國）所共同制訂的 COSMOS 註冊標準，負責授權和監督認證（COSMOS-standard AISBL,an international non-profit association registered inBelgium），作為核許天然（NATURAL）和有機（ORGANIC）化粧品的國際認證標章，並於 2017 年 1 月 1 日，全面採用統一性之認證標章。

由以下五個主要歐洲國際組織共同制定：（如表 1-4 所示）

表1-4　歐盟有機 COSMOS 國際認證標章

COSMOS 五大成員	COSMOS 認證標章	
COSMEBIO：法國天然有機化粧品專業協會。	COSMOS NATURAL	COSMOS ORGANIC
BDIH（ Bundesverband Deutscher Industrie-und Handelsunternehmen ）：德國工業和貿易聯邦協會。	COSMOS NATURAL	COSMOS ORGANIC
Ecocert：法國天然有機化粧品，更是第一個制定天然及有機化粧品標準的認證機構。	COSMOS NATURAL	COSMOS ORGANIC

COSMOS 五大成員	COSMOS 認證標章
 ICEA（Environmental and Ethical Certification Institute）義大利天然和有機化粧品，由有機農業協會（AIAB）和道德認證協會（ICEA）與製造商共同制定。	
 SOIL ASSOCIATION：英國土壤協會有機標準。	

2. 天然和有機相關認證標準

　　基於以上有關 COSMOS 之「Natural 天然認證」和「Organic 有機認證」認證標準，其指導原則包括植物自然植栽環境及方式，如：保護環境及不使用農藥、研發過程禁止動物實驗、人類健康和製造環境及整合和發展「綠色化學」的概念，例如：包裝材質需具有可生物分解或可回收特性等，並擬定取得 COSMOS 產品，必須符合以下類別的一系列標準。

除了自然及環保議題在世界各地持續發燒，另一方面，有關天然或有機化粧品之相關認證、用詞及術語的廣泛使用也造成業者與消費者之間對於產品的定義混淆，甚至產生在開發產品與選擇產品上的迷思和盲點。依目前國際間包括上述歐洲 COSMOS 及其他國家如：澳洲、瑞士或日本等國，由於仍未建立一致性及統一性的全球化標準，目前僅由各國之非官方組織機構自行制訂標準，並由各組織機構對各廠家進行輔導與取得認可，以及允許使用標章權益和進行認證標準規範。

　　因此有關臺灣市售化粧品訴求或宣稱天然及有機化粧品之相關定義及規範，目前我國食藥署已針對「化粧品含有機成分標示及廣告管理原則」，制定其相關規定。

（二）清真認證

　　近年來我國政府極力推動新南向政策，並以東協六國：菲律賓、馬來西亞、印尼、越南、泰國及印度作為首波新南向推動的主要對象國家，也因此有關「清真認證」一詞備受重視。

　　「清真認證」源自於「穆斯林國家」如：印尼及馬來西亞等中東國家，基於伊斯蘭教法之信仰，相關日常生活製品包括：飲食、服飾、美粧保養及醫藥等食品和用品，必須符合其生產來源之相關規定，也就是每項原物料端至銷售終端等皆需符合規範，包括：工廠設施、製造機械、包裝和運輸等必須建立溯原性標準，即可取得「清真（Halal）」認證。

　　有關「清真認證」之標章，雖然各國針對其規範和標準大致相近，但仍依各國自行採用認同之標章為主。（如表 1-5 所示）

表 1-5　各國清真認證標章

國家／組織	認證標章	國家	認證標章
印尼 MUI		泰國 CICOT	
馬來西亞 JAKIM		新加坡 MUIS	
越南 HCA		中國回教協會	中國回教協會
中華民國 臺北清真寺			

以上資料來源：自臺灣清真推廣中心，其相關辦理為經濟部國際貿易局主辦，並由中華民國對外貿易發展協會執行。

1-4　臺灣化粧品產業與展望

　　化粧品產業在全球性蓬勃發展下，造就化粧品相關領域之發展，例如：精密儀器設備的創新人才培養，或是高質量原料開發和卓越技術產品製劑研發等相關性行業的需求與發展，其中又以化粧品原料結合生物技術的開發與研究是現階段各國極力發展的產業。

我國化粧品產業早期大多以代工起業，尤其彩粧代工技術發展更是引領全球，然而我國化粧品原料多仰賴國外進口，且隨著各國專業技術提升以及市場競爭下，對我國造成極大威脅，再加上目前國人之人口數逐漸遞減，亦牽動我國在全世界之競爭力，因此除了需要有更多的人才投入化粧品產業外，為使我國化粧品產業更具國際競爭力，相關單位除了積極致力於研發化粧品所需各種原料，如以天然植物為素材，利用萃取、生物發酵等技術，取得具有功效性之成分或界面活性劑原料等，並以科學實驗為基礎，以驗證評估其功效性與安全性，同時提升生產研發技術，以開創具有獨特性與質量化之產品製劑。

　　除此之外，由我國衛生福利部食品藥物管理署（TFDA）依化粧品衛生安全管理法所制訂，凡所有化粧品業者(工廠、販售業者及製造輸入之業者)，皆須符合優良製造規範(GMP)並上網完成產品登錄、建立產品資訊檔案（Product Information File,PIF），使我國能邁向國際化發展與全球生技產業接軌。

　　有關化粧品相關領域發展與專業人才如下：

一、生技工程專業人才

　　基於我國積極落實化粧品優良製造規範（GMP），將有助於產業與國際接軌，然我國化粧品原物料大多仍仰賴進口，一方面缺乏研發、自製與量化能力，因此為降低進口原料之依賴性，並建立原料之自主性，近幾年由經濟部與相關學術單位及工業研究院等，持續重視生技專業工程人才之培育，致力於創新研發化粧品原料或配方新技術研究發展，結合科學生物技術為基礎，進行研究、開發及製造各種高質量的化粧品原料。

　　生技工程專業人才須具有生物工程、微生物、食品、醫藥、化學、生化或生技等相關技術與專業知識背景，進而提升我國化粧品產業競爭力。

二、化粧品專業技術人員

　　為確保化粧品之衛生、安全及品質，推行化粧品 GMP 已是全球的趨勢，「化粧品衛生安全管理法」自 108 年 7 月 1 日生效，依據該法第八條第二項規定：「經中央主管機關公告之化粧品種類，其化粧品製造場所應符合化粧品優良製造準則 (GMP)，中央主管機關得執行現場檢查」，且依同法第九條第一項，依化粧品衛生安全管理法第九條第二項規定訂定之，其職責參考如下：

1. 化粧品調配、製造之駐廠監督。

2. 化粧品製造場所、設施、設備維護之檢查及指導。

3. 符合化粧品優良製造準則 (GMP) 作業計畫之擬訂及執行之監督。規定，製造化粧品，應聘請藥師或具化粧品專業技術人員駐廠監督調配製造。

三、安全資料簽署人員（Safety Assessor；簡稱 SA 人員）

　　近年來國際間對於化粧品之消費使用安全相當重視，為求與國際接軌，衛生福利部食品藥物管理署（TFDA）規定化粧品業者主動進行產品的風險評估，以提升國際競爭力，所制定安全資料簽署人員合格證照，其主要負責化粧品安全性評估及簽署，以及產品資訊檔案（PIF）之簽署以確認產品安全，以利我國化粧品產業之發展。

　　安全資料簽署人員應具備相關資格及受訓並取得證照，其辦法依據「化粧品衛生安全管理法」第四條第三項訂定「化粧品產品資訊檔案管理辦法」規定之，依衛生福利部公告參考如下：

　　國內大學或符合大學辦理國外學歷採認辦法之國外大學（以下併稱為國內、外大學）醫學系、藥學系、毒理學、化粧品學及其相關系、所畢業，並曾經接受由國內、外大學或中央主管機關所開設化粧品安全性評估訓練課程者。前項安全性評估訓練課程之內容及時數，規定如下：

1. 化粧品管理法規：包括我國化粧品衛生管理規範、國際間化粧品管理規範及我國化粧品產品資訊檔案制度；至少四小時。

2. 化粧品成分之應用及風險：包括美白、防晒、止汗、制臭、染髮、燙髮與其他成分之作用原理與安全性，及化粧品常見不良反應或違規案例；至少八小時。

3. 化粧品安全評估方式：包括皮膚生理解剖學、化粧品經皮吸收能力、化粧品皮膚刺激、光老化與光過敏之機轉與臨床症狀、奈米安全性評估、天然物化粧品安全性評估、化粧品風險評估、毒理評估方法（皮膚刺激性、皮膚敏感性、皮膚腐蝕性、眼睛刺激性及基因毒性與致突變性測試）、系統性毒性與安全臨界值及動物試驗替代性方法；至少三十六小時。

4. 產品安全性評估結論製作：至少六小時。

（四）專業美容教育及行銷人才

　　良好的產品，除了藉由品牌包裝形象建立外，還需要具備專業保養知識的教育訓練，傳達各式產品的正確使用訊息，如醫學美容、美體芳療、化粧品銷售人員、技術指導、教育講師、品牌行銷、原料行銷、產品開發企劃或美粧媒體等各式整合規劃。

CHAPTER 2

皮膚機理與化粧品的相關性

2-1 皮膚機理構造

皮膚是人體最大的器官，以一般成年人占其個體體重約 15%（1/7）左右，皮膚成分約含 70% 的水、25% 的蛋白質和 2% 的脂質，皮膚具有隔絕及保護人體免於外在環境如：光線、微生物、化學、污染或外力的傷害，並調節內在免疫系統、保護組織正常化及維持人體重要生理功能，例如：調節體溫、分泌皮脂及汗液、維持水分與電解質的平衡、參與陽光合成維生素 D 等功能。

皮膚主要由三層結構所組成，由外而內分別為表皮層（Epidermis）、真皮層（Dermis）和皮下組織（Subcutaneous）：（如圖 2-1 所示）

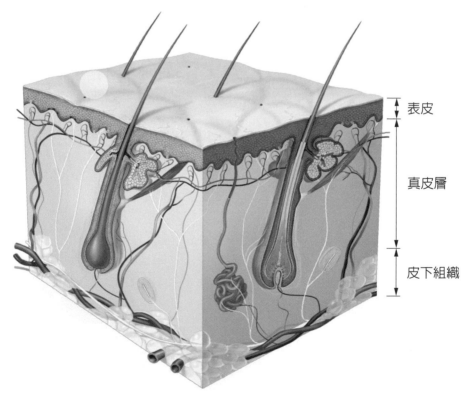

表皮

真皮層

皮下組織

圖 2-1　皮膚的構造

一、表皮層（Epidermis）

　　表皮是皮膚的最外層，厚度約為 0.07 ～ 0.2mm，主要為保護身體不受外在環境傷害，同時也具有保持皮膚水分及體液不散失的功能。表皮主要是由 80 ～ 95% 的角質細胞（Keratinocytes） 由最底層的基底細胞（Basal cells） 不斷生長所形成的多層角質化組織所構成，表皮中的細胞以不斷分裂方式並由內向外不斷遷移，表皮沒有血液供應而由真皮層細胞的擴散作用構成維持正常代謝所需要的條件。（如圖 2-2 所示）

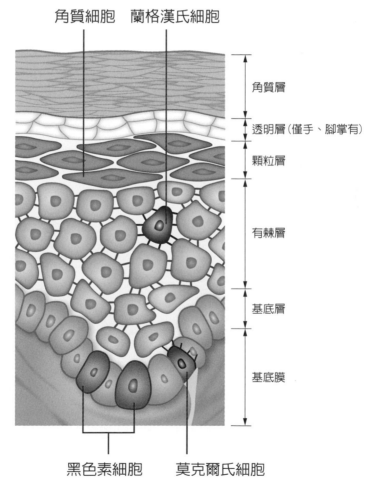

角質細胞　蘭格漢氏細胞

角質層

透明層（僅手、腳掌有）

顆粒層

有棘層

基底層

基底膜

黑色素細胞　莫克爾氏細胞

圖 2-2　表皮層結構

表皮層主要是由五層結構所組成，分別為：基底層（Stratum Basale）、有棘層（Stratum Spinosum）、顆粒層（Stratum Granulosum）、角質層（Stratum Corneum）、透明層（Stratum Lucidum）：

（一）基底層（Stratum Basale）

位於表皮的最深層，由圓柱形的角質化細胞所構成，透過交織狀的膠原纖維與下方真皮層結合，稱為「基底膜」，其具有細胞繁殖與合成能力，細胞經反覆性有絲分裂過程產生新生角質細胞（Keratinocytes），以不間斷性逐漸向上遷移至皮膚表層進行完全角質化（成為凋亡細胞）而脫落，並由新生的角質細胞取代，此稱之為「角質化過程」，其中含有聚絲蛋白（Filaggrin）和角蛋白（Keratin）所構成的蛋白結構以及蛋白酶（Cathepsine）、脂質（Lipids）和抗菌酶（Cathelicidin），形成皮膚重要的屏障，使皮膚能維持防禦功能。

知識延伸　有絲分裂：有絲分裂是將母細胞基因組平均分配到兩個子細胞中。

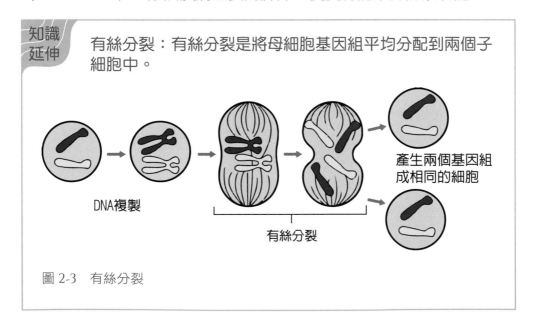

DNA複製

有絲分裂

產生兩個基因組成相同的細胞

圖 2-3　有絲分裂

（二）有棘層（Stratum Spinosum）

約由 8～10 層的有棘細胞組成，為表皮層當中最厚的一層，有棘層的形成是由底層角質細胞向上推移呈橢圓柱並形成多角棘狀細胞，細胞間由胞橋小體（Desmosomes）緊密相連，可抵抗外力的磨擦，同時含有淋巴液可供給表皮營養，並含有許多感覺神經末梢可以感知外界的各種刺激。

（三）顆粒層（Stratum Granulosum）

由 3～5 層扁平的角質細胞組成，且細胞核及細胞器開始退化、萎縮而逐漸形成凋亡的角質細胞，並由此層開始形成多邊形或矩形透明質顆粒狀體，又被稱為「表皮的中間層」，其中富含組胺酸及半胱胺酸的蛋白質，角質細胞與角蛋白絲結合，開始變硬轉化為更多的角蛋白，顆粒含有脂質，釋出到細胞外與胞橋小體緊密連接，構成疏水性脂質膜屏障，主要功能是防止皮膚水分流失，使細胞能順利向上遷移形成角質層。

（四）透明層（Stratum Lucidum）

位於顆粒層表面以及角質層下方的細胞薄層，約由 3～5 層扁平的凋亡角質細胞（Keratinocytes）和大量角蛋白（Keratin）所組成，細胞形狀呈透明扁平狀，無細胞核和細胞器，只存在於皮膚較厚部位，具有降低皮膚摩擦影響和使皮膚具防水性屏障如手掌、手指和腳底。

（五）角質層（Stratum Corneum）

位於表皮的最外層，約由 15～35 層扁平凋亡的角質細胞連續堆疊所組成，無細胞核和細胞器，由大量的角蛋白（Keratin）和脂類包圍，其最上層的凋亡角質細胞會不斷脫落，並由下層（基底層）新生細胞開始分化到角質層不斷往上表層推移分化，即為「角質化過程」，細胞達自然脫落更新約 28～50 天，且更新的過程會隨著年齡增長而變慢。

角質層的厚度、更新速度與健康皮膚的維持有著密切關係，當皮膚的老廢角質細胞堆積過多時，將造成角質細胞含水量不足，會使老廢角質細胞無法正常自然脫落與更新而形成不整齊排列，甚至導致角質異常化，使皮膚呈現粗糙、乾燥、暗沉、失去光澤，甚至造成敏感與脆弱等肌膚問題。

而此結構中的四種主要細胞分別為：角質細胞（Keratinocytes）、黑色素細胞（Melanocytes）、莫克爾氏細胞（Merkel cells）和蘭格漢氏細胞（Langerhans cells）：

（一）角質細胞（Keratinocytes）

約占表皮 80～95%，從基底層至皮膚外層以不斷更新、分化和遷移方式形成角化組織並合成為表皮細胞，又稱為「基底細胞（Basal cells）」或「基底角質細胞（Basal Keratinocytes）」，具有高含量的不溶性角蛋白，主要目的是防止外來侵略，如微生物或病毒等侵入皮膚、防止皮膚水分流失及紫外線傷害。

（二）黑色素細胞（Melanocytes）

約占表皮 5～10%，呈樹突狀，位於基底層底部與真皮層之間，黑色素細胞會釋放黑色素顆粒體並逐漸遷移至上層鄰近周圍的角質細胞（Keratinocyte）中，藉以保護皮膚免於紫外線傷害，是構成膚色的關鍵因素之一。

（三）莫克爾氏細胞（Merkel cells）

又稱為觸覺上皮細胞（Tactile epithelial cells）。表皮是神經刺激的接受器，位於基底層中約占表皮 0.5%，是表皮細胞中數量最少的細胞與神經末梢相連，遍布整個皮膚，負責感覺和知覺訊息的傳導，並有多達 200 萬個傳遞受體。

（四）蘭格漢氏細胞（Langerhans cells）

約占表皮 2%，位於有棘層中，主要參與皮膚免疫細胞的反應、例如：檢測外來微生物入侵及過敏原物質。同時蘭格漢氏細胞之耐受性作用，牽動皮膚免疫屏障功能，如：過敏性接觸皮膚炎。

二、真皮層（Dermis）

真皮範圍厚度約 2.0～4.0 mm，厚度約有表皮的 15～40 倍，約占皮膚厚度的 95%，並取決於性別、年齡或膚質而有厚薄的差異性。真皮層主要是由外而內的乳頭層（Papillary layer）及網狀層（Reticular layer）所構成的結締組織，其中含有纖維母細胞（Fibroblasts），分泌蛋白質所產生的彈力蛋白（Elastin）和膠原纖維（Collagenous fibers）相互連接所組成的網狀結構，主要含有 I 型和 III 型膠原蛋白，使皮膚具有彈性特質。真皮層中含有血液、淋巴管、神經、毛囊、汗腺和皮脂腺等重要結構。（如圖 2-4 所示）

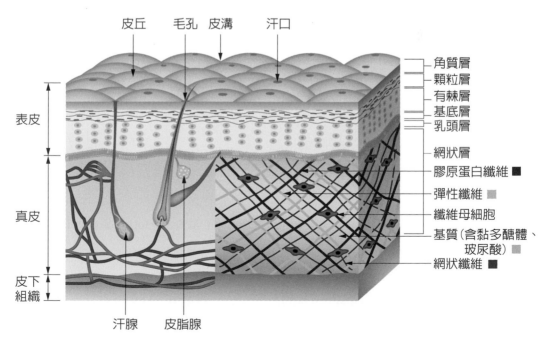

圖 2-4　真皮層結構

（一）乳頭層（Papillary layer）

為真皮之最頂部層，占真皮約 20%，由較鬆散的結締組織構成，呈波浪乳頭狀與上層基底層緊密相連，主要作為保護身體不受外界環境傷害，含血管使營養物質輸送至表皮，並且有助於控制皮膚的溫度，乳頭層主要含有較豐富的 III 型膠原蛋白。

（二）網狀層（Reticular layer）

位於真皮乳頭層下方與皮下脂肪組織相連接，占真皮 80%，是支撐皮膚的重要結構，由緊密不規則的結締組織所構成，主要為 I 型膠原蛋白以及膠原蛋白纖維（Collagn fibers）、網狀纖維（Reticular fiber）、彈性纖維（Elastic fiber），其纖維走向與表面呈平行狀，賦予皮膚強韌和彈性並提供皮膚水合能力（水分結合的能力），使皮膚維持水分及飽滿。

（三）真皮層中的重要細胞與附屬器官

1. 微血管及血管（Capillaries and Blood vessels）

血液負責皮膚的各項功能，提供皮膚組織與人體必要的營養和氧氣物質的輸送，並有調節體溫的作用。

2. 纖維母細胞（Fibroblasts）

為真皮層中大多數細胞的類型，其分泌的蛋白質為構成結締組織的重要來源，纖維母細胞與表皮相互作用，更是參與組織活動及皮膚傷口修復與癒合過程中的關鍵。而在纖維和細胞間具有膠狀基質（Ground substance）如：黏多醣體（Glycosaminoglycans）、玻尿酸（Hyaluronic acid）分布充填其中，作為皮膚重要的水分來源，因此是構成細胞間質 ECM（Extracellular matrix）的重要組成成分，影響組織發育、細胞增生、遷移及蛋白質代謝作用。

　　然而 ECM 的功能，會因年齡、疾病、老化和過度暴露於紫外線環境而逐漸造成真皮層中的膠原蛋白流失以及纖維母細胞中的蛋白酶水解而使其纖維韌性變差，當真皮組織水合作用降低時，將容易造成皮膚乾燥與皺紋的產生。

3. 脂肪細胞（Adipocytes）

　　構成脂肪組織與能量儲存，具調節內分泌及代謝功能，且依脂肪細胞的數量及體積大小是造成肥胖的主因。

4. 巨噬細胞（Macrophages）

　　源自於骨髓中的單核細胞，可產生活性氧物質，具有吞噬作用，進行破壞和清除體內不需要的物質，如：移除凋亡的細胞、防禦機制的反應、調節免疫系統和發炎反應，將抗原傳遞至淋巴細胞，並釋放生長因子以促進新血管及膠原蛋白的形成。

5. 肥大細胞（Mast Cells）

　　為免疫系統中的重要細胞，遇過敏反應會刺激抗體的釋放，抗體會附著於肥大細胞，並釋放組織胺作為過敏症狀的化學物質。

6. 淋巴（Lymph）

　　淋巴系統為人體循環系統之一，淋巴含有淋巴細胞和巨噬細胞及淺黃色透明流動的組織液調節體內液體平衡，是人體重要的防禦系統，可產生抗體、移除凋亡細胞及分解有害物質，使人體免於疾病的侵害。

7. 神經（Nerves）

　　指自主神經系統，主要在控制體內各器官系統的平滑肌、心肌、腺體等組織的功能，如：心臟搏動、呼吸、血壓、消化和新陳代謝。

神經有利於保護人體免於危險，發送訊息至大腦和脊髓，並透過調節體溫或避免疼痛以保護身體。

8. 毛囊（Hair follicles）和皮脂腺（Sebaceous gland）

皮脂腺附著於毛囊呈相互依賴性，其中腺體分泌親脂性皮脂質為甘油三酯（Triglycerides）、蠟酯（Wax monoesters）、角鯊烯（Squalene）、膽固醇（Cholesterol）、游離脂肪酸（Free fatty acids）和細胞混合物等，並透過連接腺體的皮脂管與毛囊排出並穿越至皮膚表面。

皮脂腺體遍布全身，除了手掌和腳底外，以頭皮和臉部最為豐富。皮脂質有助於皮膚表層形成輕微油膩的表面膜，主要為保持皮膚的柔韌性並防止皮膚水分流逝。然而當皮脂腺體產生過多的脂質或皮膚表面的出口被堵塞時，容易受細菌感染而形成痤瘡（Acne）、丘疹（Pimples）、痘痘（Zits）。

9. 汗腺（Sweat glands）

汗腺位於真皮層，為螺旋連結管狀結構，約由 200 ～ 300 萬個汗腺形成汗腺網，在各種情況下，受神經系統刺激而產生及排出汗液，汗腺腺體分為小汗腺（Eccrine sweat gland）和大汗腺（Apocrine sweat gland）兩種類型：

小汗腺（Eccrine sweat gland）

又稱為「外分泌汗腺」，該汗腺負責分泌汗液，透過汗管由真皮層抵達皮膚表層，為一般汗水來源（Sweat source），分布於大部分身體並集中在手掌、額頭、腳底和腋窩，主要由水、鹽分、尿素、乳酸、電解質和鉀組成的清澈無味的液體，當環境溫度高於身體負荷與某些情緒（如恐懼、興奮或焦慮）作用等因素時，引起體溫迅速升高，汗水蒸發到空氣中，促進皮膚和血液的冷卻，使體溫降低，鹽和礦物質則留在皮膚表面。另一方面，汗水中所含等物質參與身體抵抗表面細菌感染的作用機制。

**大汗腺**（Apocrine sweat gland）

又稱為「頂漿（泌）汗腺」，位於毛囊大量集中的區域，如：頭皮、腋窩、生殖器區域、肛門、乳腺、乳頭、乳暈和外耳道中等。自青春期開始，便受荷爾蒙影響而開始產生作用，主要含有大量的蛋白質、脂肪和碳水化合物，組成厚、油性、無味液體以減少皮膚摩擦，然而因受到表面微生物影響，也決定了身體的氣味來源（Smell source）。（如圖 2-5 所示）

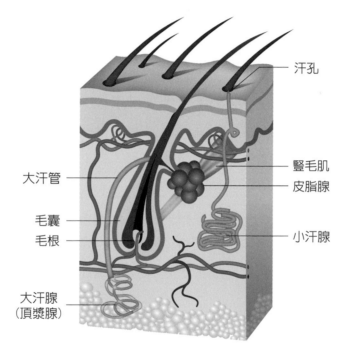

圖 2-5 兩種汗腺類型

三、皮下組織 / 脂肪（Subcutaneous tissue / Fat）

由脂肪細胞所組成之脂肪組織，賦予皮膚彈性、緩衝及保溫作用，含有汗腺腺體及毛囊，其上方連結真皮脂肪結締組織，厚度約為真皮之 1/2 左右，且依個人體質及身體各部位不同而有厚度上的差異。

2-2 化粧品成分的經皮吸收與滲透

化粧品之功效，攸關著化粧品成分與皮膚之間的作用關係，例如當皮膚感受乾燥時，塗抹適量的化粧產品後即能獲得改善；然而每個人的膚質可能因性別、年齡、體質或處在環境的差異性，而產生不同程度之效果，因此，若能對於皮膚的經皮吸收與滲透有更多的認識，將有助於化粧品成分的應用與選擇。

一、天然角質屏障與建構要素

角質屏障是由末端分化的角質細胞所組成，角質細胞作為修復屏障和體內平衡的代謝反應，可保護人體水分散失、抵禦外在環境如化學、微生物或紫外線所造成的損害與感染，因此角質層是皮膚的第一道防線，又稱為「皮膚天然鎖水屏障」。

角質屏障的組成是由皮脂腺所分泌出來的皮脂、角質間隙（細胞間脂質）所釋出的脂質及汗腺所分泌出來的汗液（皮膚天然保濕因子中的乳酸物質）三者混合而成，更是維持皮膚正常代謝的三種重要保濕因子。

皮膚的角質會受外在氣候及個人皮脂腺與汗液的不同分布而構成不同的表皮屏障，也決定各種皮膚的類型、膚質、質量與 pH 值的變化。（如表 2-1 所示）

表 2-1　皮膚天然角質屏障

	項次	保濕因子類型	含量
角質層（SC）	1	天然保溼因子（NMF）	16 ～ 17%
	2	皮脂膜	2 ～ 3%
	3	角質間隙（細胞間脂質）	80%

（一）天然保溼因子（Natural Moisturing Factor,NMF）

角質層中的含水量約有 20 ～ 35% 左右，以維護皮膚的水潤和彈性，當皮膚水分低於 10% 或甚至長期處於缺水狀態時，將導致皮膚變得乾燥而造成角質無法正常代謝。

由於角質剝離代謝過程中，其角質細胞內的角蛋白需藉由水分進行分解，因此當角質層缺乏水分時，將使蛋白分解脢無法正常分解，而在皮膚表面形成聚集，繼而使皮膚明顯感到乾燥或緊繃，造成老化細紋及皺紋。因此，提升肌膚含水量且達保溼作用，是維持皮膚健康的重要成分。至於角質層中的水分主要來自於角質層中的角質細胞經角化過程所產生的親水性物質，而被稱之為天然保溼因子（ NMF ）。（如表 2-2 所示）

表 2-2　皮膚角質層經角化過程所產生的親水性物質

項次	成　分	含量 %
1	Free Amino Acid（胺基酸類）	40.0%
2	Pyrrolidone Carboxylic Acid,PCA（吡咯烷酮羧酸鈉）	12.0%
3	Lactic Acid（乳酸）	12.0%
4	Urea（尿素）	7.0%
5	Glycerol & Hyaluronic Acid（甘油和透明質酸）	0.5%
6	sugars,organic acid,unidentified materiais（糖，有機酸，其他物質）	8.5%
7	Sodium（鈉）	5%
8	Citrate,formate（檸檬酸、甲酸）	0.5%
9	Potassium（鉀）	4%
10	Calcium（鈣）	5%

項次	成　分	含量%
11	Phosphates（磷酸鹽）	0.5%
12	Chlorides（氯化物）	6%
13	Magnesium（鎂）	1.5%
14	Ammonia,uric acid,Glucosamine,Creatine（氨，尿酸，氨基葡萄糖，肌酸）	1.5%

（二）皮脂膜（Hydrolipidic Film）

皮脂膜又稱為「皮膚表面脂質膜（Skin Surface Lipid Film,SSLF）」，皮脂膜的形成是在表皮的最後分化過程中，由真皮層中的皮脂腺（Sebaceous glands）所分泌的皮脂及汗液中的乳酸一起乳化所構成的混合物質，並於角質表面凝結形成薄膜，而皮脂膜中之皮脂質主要成分為甘油三脂、游離脂肪酸、蠟酯、角鯊烯、膽固醇及其他物質如胺基酸、尿素及乳酸，而這些皮脂質成分有助於維持皮膚表面光滑、柔軟、水潤與健康，並使皮膚呈弱酸性 pH 值 4.5 ～ 6.5 狀態的水合保濕膜，作為經皮水分散失的表皮屏障。（如表 2-3 所示）

表 2-3　皮脂膜中主要『皮脂質』成分

成　分	含量%
甘油三脂（Triglycerides）	30 ～ 50%
游離脂肪酸（Free fatty acids）	15 ～ 30%
蠟酯（Wax esters）	20 ～ 30%
角鯊烯（Squalene）	10 ～ 15%
膽固醇（Cholesterol）	4 ～ 8%
其他（Other）： 胺基酸、尿素、乳酸（Amino acids, urea, lactic acid）	2 ～ 3%

由皮脂膜所構成的皮脂質分布於皮膚角質層、細胞膜、皮脂膜及顆粒層之細胞基質（Intercellular matrix）中，以游離脂肪酸、膽固醇和神經醯胺（鞘脂）的形式存在，其主要作用如下：

1. 防止水分散失

皮脂膜中的脂質是防止角質細胞進行角化過程的水分散失，因此釋出油脂並堆疊於細胞間層，以調節角質細胞的水合作用。若皮脂膜含量不足，當外界氣候乾燥，角質層缺乏皮脂保護或無法防止角質層水分散失，皮膚便會感到乾燥，甚至脫屑；而當外界過度潮濕或皮膚處於水分含量過高（過度水合）的狀態，反而會造成水分流失，使角質層的屏障減弱，進而產成許多皮膚問題。

2. 防止外來刺激與傷害

皮脂中的天然脂質和天然保溼因子（NMF）結合，能使角質維持保濕性與柔潤性以防止角質層發生裂隙，並延緩皮膚老化及阻擋外界物質可能對皮膚造成之傷害。

3. 決定膚質類型

皮脂膜的 pH 值取決於性別、年齡及季節膚質等。皮脂分泌正常時能維持皮膚水潤與彈性，當分泌過於旺盛，將使肌膚呈現酸性，易造成青春痘（痤瘡, Acne）的形成；而當皮脂分泌不足，pH 值偏高，將導致皮膚乾燥及造成細紋和皺紋。

（三）角質細胞間脂質

角質層是由角質細胞經角質化所構成，並由約 85% 的角化細胞（Corneocyte）與 15% 的細胞間脂質（Intercellular lipids）所構成的角質細胞間脂質（Stratum corneum lipids）呈交錯平行排列，並以 15 ～ 20 層堆疊形成。

細胞間脂質位於角化細胞間的空隙中，約含 70% 的蛋白質（Proteins），15% 的脂質（Lipids）及 15% 的水（Water），是參與調節角質細胞（Keratinocyte）的水合與細胞間信號傳遞的作用，更是決定皮膚質量與屏障功能的主要關鍵。（如圖 2-6 所示）

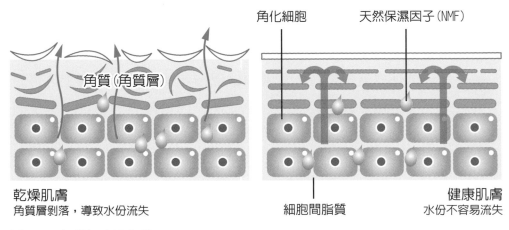

角化細胞　　　　　天然保濕因子（NMF）

角質（角質層）

乾燥肌膚
角質層剝落，導致水份流失

細胞間脂質　　　　健康肌膚
水份不容易流失

圖 2-6　角質細胞間脂質

表 2-4　組成角質細胞間脂質的三種物質

主要脂質	含量
神經醯胺（鞘脂）	40 ～ 65%
膽固醇	35 ～ 40%
游離脂肪酸	10 ～ 15%

　　存在於角質層細胞間的脂質，為皮膚的重要屏障，又被稱為角質層的表皮脂質屏障，主要由 40 ～ 65% 神經醯胺（Ceramides）、35 ～ 40% 膽固醇（Cholesterol）及 10 ～ 15% 脂肪酸（Fatty acids）所組成（表 2-4 所示），為經皮水分散失（Trans-epidermal water loss,TEWL）及經皮吸收（Percutaneous absorption）的主要路徑。因此當脂質含量減少時，會導致角質細胞水分流失而無法正常代謝，造成角質屏障受損，甚至是導致皮膚刺激、敏感、感染或發炎的主要因素。

二、化粧品保濕成分與表皮水合作用

表皮經不同階段分化更新，並以恆定的細胞分裂速率進行正常的角化過程：表皮基底層中的新生角質細胞，經由分裂進入有棘層後，於顆粒層停止分化，最終於角質層剝離結束。

而顆粒層至角質層的分化遷移過程中，顆粒層中的絲蛋白經由水解過程降解成天然保溼因子（Natural Moisturing Factor,NMF）如胺基酸及衍生物（Free Amino Acid）、吡咯烷酮羧酸鈉（Pyrrolidone Carboxylic Acid,PCA）、乳酸（Lactic Acid）和尿素（Urea）等各種具有吸收水分子的混合物，並透過水合作用與脂質共同分布充滿於角質細胞間構成交錯平行堆疊排列的防水屏障，其目的是避免角質化過程的水分流失，並由乳酸的持續存在影響而使皮膚表面 pH 值形成弱酸（約 4.5 ～ 6.5）環境。

因此透過使用含有保濕成分的化粧品，將有助於皮膚的更新過程，然而若過多或頻繁性的保濕水合（如面膜產品），將可能造成皮膚的過水合反應。

三、化粧品角質與經皮水分散失

正常皮膚的 pH 值為 4.5 ～ 6.5 之間，皮膚 pH 值是作為建構健康角質層、皮膚質量與化粧品製劑的重要指標，當皮膚處於過度鹼性或酸性環境時，如使用肥皂或果酸產品，將改變皮膚的 pH 電荷，並易於滲透角質層，甚至破壞角質屏障。雖然皮膚具有先天性的緩衝能力，但當過度或長期破壞角質屏障時，將可能影響皮膚的正常屏障修復機制，經皮水分散失量（Trans-epidermal water loss,TEWL）常作為測定皮膚角質水分流失的參考值，當 TEWL 數值越低，即表示角質屏障功能越佳。

四、化粧品保濕成分與角質屏障的應用

化粧品製劑中的油脂成分為具有脂肪性的油脂，又稱為「閉鎖性保濕劑」，具有潤膚作用，例如植物油、脂肪酸、蠟和膽固醇酯，為皮脂腺的組成成分；而水性成分中的天然保濕因子（NMF）如胺基酸、鹽、甘油和尿素以及位於細胞外間質的主要成分──膠原蛋白和透明質酸，儲存的含水量是維持皮膚彈性與保護結締組織的重要組成成分，提供皮膚所需的保濕物質，皮膚油水物質間的平衡，是保持皮膚含水量的重要組成成分，更是影響角質層細胞正常代謝的重要關鍵，決定了皮膚 TEWL 與健康程度，使皮膚維持光滑並減少經皮水分流失（TEWL）。

 # 2-3　皮膚麥拉寧黑色素與美白機制

美白產品在化粧品市場中一直備受歡迎，有關美白成分之規範，依衛生福利部（自 2016 年 3 月 30 日公布）目前核准使用之 13 種美白成分，主要功能分為「抑制黑色素形成」及「兼具抑制黑色素形成與促進已產生的黑色素淡化」兩大類。

除「Ascorbyl Tetraisopalmitate （脂溶性維他命 C）」使用濃度 3% 為「含藥化粧品」外，其餘 12 種成分則為一般化粧品得使用之成分，不需辦理上市前查驗登記，除了核准使用之 13 種美白成分之外，其他成分不得標示具美白之功效，僅能使用如「淨白」等詞彙宣稱。

目前依我國「化粧品衛生安全管理法」（自中華民國 107 年 5 月 2 日公布修正 ）中修正含有醫療及獨具藥品成分之化粧品（含藥化粧品）」名稱為「特定用途化粧品」。

一、麥拉寧黑色素（Melanin）

麥拉寧黑色素是一種天然色素，由黑色素細胞（Melanocyte）製造而成，位於皮膚基底層細胞與真皮上層之間，並透過指狀黑色素細胞經樹突（Dendrites）與基底細胞（Basal cells）之基底角質細胞（Keratinocytes）結合，每一個黑色素細胞周圍會被約 30～40 個角質細胞所包圍，黑色素細胞與角質細胞的比例約為 1：10，形成所謂的表皮層黑色素單位（Epidermal melanin unit）。（如圖 2-7 所示）

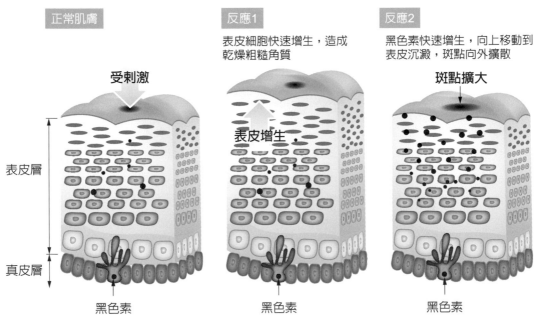

圖 2-7　表皮層黑色素單位

黑色素賦予人體皮膚、頭髮和眼睛顏色的色素，每個人的黑色素細胞數量都相同，而色素沉著的差異可能是由於種族、基因、黑色素細胞樹突的排列和黑色素生成強弱所產生的黑色素顆粒大小、數量、組成和分布變化所引起。黑色素細胞在黑色素體中合成黑色素，再轉運到角質細胞中，主要作為保護皮膚細胞免受過度紫外線輻射暴晒傷害，並減低皮膚罹患癌症的風險。

二、麥拉寧黑色素的誘發與轉移

黑色素生成是由黑色素細胞（Melanocytes）製造，當皮膚受紫外線照射、自由基或受損發炎時，將活化酪胺酸酶（Tyrosinase）催化體內的酪胺酸（Tyrosine）產生黑色素，由於酪氨酸酶是一種含銅離子（Cu++）的酶，以持續性的作用下，刺激黑色素細胞產生黑色素體並以微小顆粒 (Melanin granules) 形式經樹突 (Dendrites) 將黑色素顆粒 (Melanin granules) 轉移至鄰近表皮基底角質細胞中結合並形成聚合反應。（如圖 2-8 所示）

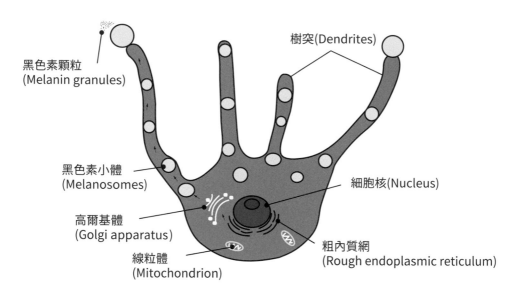

圖 2-8　麥拉寧黑色素細胞（ Melanocyte ）的誘發與轉移

黑色素細胞內的黑色素體合成過程中，是受黑色素生成酶（Melanogenesis enzymes）：酪氨酸酶 (Tyrosinase)，酪氨酸酶相關蛋白 1 (Tyrosinase related protein1,TRP1) 和酪氨酸酶相關蛋白 2 (Tyrosinase related protein2,TRP2) 功能的影響而決定了黑色素的合成路徑，並產生具有兩種顏色差異性的黑色素類型。

三、黑色素與皮膚的合成

正常黑色素會隨著細胞角質化過程逐漸由外遷移至表皮上層代謝，並均勻分散沈澱，使膚色變深褐色或黑色；然而當過量的黑色素無法藉由皮膚代謝排出表層時，就會局部凝聚沈澱於表皮層內，即會產生斑點，如雀斑或黑斑。

新生的角質細胞由基底層向上推移至有棘層需約 14～25 天，而停駐於顆粒層再至角質層仍需約 14～25 天，形成鱗狀凋亡的剝落角質化細胞，此過程共約 28～50 天，以上過程稱之為「皮膚的新陳代謝」。

皮膚的新陳代謝率受年齡、老化、發炎或其他外部因素等影響，如含果酸類保養產品或儀器促使細胞增生速度產生變化，而含有黑色素的角質細胞還沒有脫落之前，也會讓皮膚看起來比較黑。由於種族膚色上的差異，皮膚顏色深者比皮膚淺的人擁有更多的黑色素數量，且具有更大、更多、更活躍的黑色素顆粒，在細胞中熟成並持續存在與移動。然而皮膚顏色較深者，可能因皮膚 pH 較低（呈酸性），使皮膚發出訊號刺激表皮產生更多蛋白質、脂質和酶，藉以獲得更佳的屏障。因此皮膚較白皙者，罹患皮膚癌的風險比皮膚較深者高出 30～40 倍。

酪氨酸酶（TYR）將酪氨酸催化，迅速氧化成 L-DOPA 後，再次受酪氨酸酶（TYR）催化，再轉化成多巴醌（DOPAquinone）後，受硫醇 (Thiols) 化合物影響，再分歧形成兩種不同顏色的黑色素合成路徑，為真黑色素（Eumelanin）和褐黑色素（Pheomelanin）。（如圖 2-9 所示）

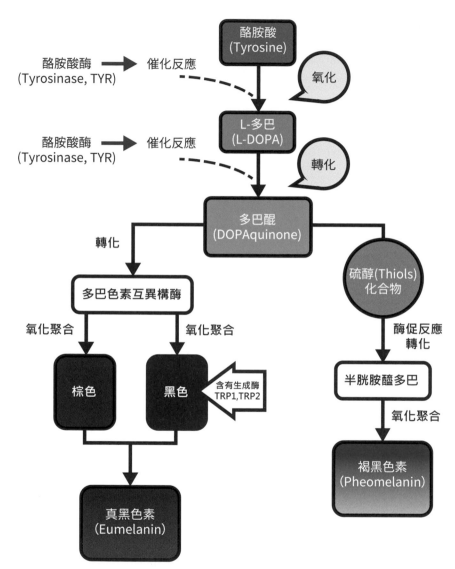

圖 2-9　黑色素的合成路徑

四、皮膚與美白機轉介紹

　　雖然黑色素的產生是保護皮膚免於紫外線傷害的重要生理反應，然而黑色素及皮膚的變黑反應卻也造成人們外觀上的差異。基於維持皮膚健康與塑造賞心悅目的外在美，許多機構及品牌皆積極投入藉由抑制黑色素的生成反應或轉移等美白相關機轉的研究。

　　現今化粧品美白成分之間的作用大致可區分為以下幾種：

（一）抑制酪胺酸酶活化達到阻斷黑色素的生成作用

1. 抑制酪胺酸酶與銅離子結合

　　活化酪胺酸酶（Tyrosinase）催化體內的酪胺酸（Tyrosine）產生黑色素的一連串過程中，由於酪氨酸酶是一種含銅離子（Cu^{++}）的酶，因此藉由干擾酶的功能，如螯合銅離子或減少與銅離子的結合力，來達到降低酪胺酸酶的活性以阻斷黑色素的產生。

　　相關美白成分如 β-熊果苷（β-Arbutin）、α-熊果苷（α-Arbutin）或曲酸（Kojic acid）等。

2. 抑制酪胺酸酶將酪胺酸轉換為多巴（L-DOPA）的能力

　　可阻斷黑色素的形成作用，進而減少黑色素細胞產生。相關美白成分如抗壞血及其延伸物，光甘草定（Glabridin）、異黃酮（Isoflavone）或桑椹 (Mulberry) 等。

（二）抑制黑色素生成相關的促進物質

　　有關黑色素生成相關促進物質，例如 MClR,MITF,α-MSH,MClR,TYR 以及酪氨酸酶相關蛋白 TRP-1 和 TPR-2 是黑色素細胞增生和存活的重要關鍵，若能經由調控相關促進物質的產生，即可抑制黑色素所造成的一連串反應。相關美白成分如 β-熊果苷（β-Arbutin）、α-熊果苷（α-Arbutin）等。

（三）抑制黑色素轉移

透過阻斷黑色素的傳遞，並抑制黑色素細胞中的黑色素小體（Melanosome）轉移到角質細胞（Keratinocytes），進而達到抑制黑色素的產生。相關美白成分如菸鹼醯胺又稱維生素 B_3（Niacinamide），表沒食子兒茶素沒食子酸酯（EGCG）或植物酵素等。

（四）還原已生成的黑色素

黑色素顆粒經樹突轉移至鄰近表皮層與角質形成細胞結合，並以聚合滯留形式存在，而為降低持續滯留所造成的皮膚色澤，對於黑色素的生成過程及降低已形成的黑色素其氧化反應，進行分解、淡化及還原黑色素，使黑色素氧化反應減弱而達美白作用，相關成分例如維生素 C (Vitamin C) 又名抗壞血酸（Ascorbic acid）及其延伸物等。

（五）分解已生成的黑色素

將已生成之黑色素進行分解與還原，達到褪黑、破壞和分解黑色素的美白作用，屬藥用製劑，例如對苯二酚（氫錕）（Hydroquinone, HQ）或壬二酸，又稱杜鵑花酸（Azelaic acid）。

（六）增進細胞代謝

當黑色素轉移至角質細胞後，會隨著角質化過程逐漸代謝剝離，因此藉由提升加速角化速度，可使黑色素經由代謝過程快速剝離。相關美白成分如 α - 羥基酸（果酸類）及 A 醇等成分，是利用酸性物質使角質軟化，並促進角質細胞加速新生過程，而使黑色素能代謝剝離。（如表 2-5 所示）

表 2-5 目前衛福部核准使用之 13 種美白成分

項次	英文名稱（簡稱）	中文名稱	限量	用途
1	Magnesium Ascorbyl Phosphate（MAP）	維他命 C 磷酸鎂鹽	3%	美白
2	Ascorbyl Glucoside（AAG）	維他命 C 葡萄醣苷	2%	美白
3	Kojic Acid	麴酸	2%	美白
4	Arbutin	熊果素	7%	美白（製品中所含之不純物對苯二酚（Hydroquinone）應在 20ppm 以下）
5	Sodium Ascorbyl Phosphate（SAP）	維他命 C 磷酸鈉鹽	3%	美白
6	Ellagic Acid	鞣花酸	0.5%	美白
7	Chamomile ET	洋甘菊萃取物	0.5%	防止黑斑、雀斑
8	Tranexamic Acid	傳明酸	2.0-3.0%	抑制黑色素形成及防止色素斑的形成
9	Potassium Methoxysalicylate	甲氧基水楊酸鉀酸	1.0-3.0%	抑制黑色素形成及防止色素斑的形成，美白肌膚
10	3-O-Ethyl Ascorbic Acid	3-氧乙基維生素 C	1.0-2.0%	抑制黑色素形成及防止色素斑的形成，美白肌膚
11	5,5'-DipropylBiphenyl-2,2'-diol	二丙基聯苯二醇	0.5%	抑制黑色素形成及防止黑斑雀斑，美白肌膚
12	Cetyl Tranexamate HCl	傳明酸十六烷基酯	3.0%	抑制黑色素形成及防止黑斑雀斑，美白肌膚
13	Ascorbyl Tetraisopalmitate	維他命 C 四異棕櫚酸鹽	3.0%	抑制黑色素形成

* 常用俗名為列舉

2-4 皮膚防曬機理

太陽光譜是由各種光波之波長所組成，可分紫外線 (Ultraviolet,UV) 不可見光及可見光（Visible light,VL），其中又以不可見光之波長比可見光短且具有較高能量，並佔太陽總光譜的 5%，而依紫外線之波長最短至最長可分類為 UVA、UVB 和 UVC 三種，其中 UVA 波長範圍最長為 320 ～ 400 nm（奈米），且又分為兩個波段：UVA I 波長為 340 ～ 400 nm 和 UVA II 波長為 320 ～ 340 nm、UVB 波長為 290 ～ 320 nm 和最短的 UVC 波長為 240 ～ 290 nm，且大多數 UVC 被臭氧層吸收，不會到達地球（如圖 2-10 所示）。在可見光中有一種藍光，可穿透至皮下組織，其波長為 400 ～ 500nm，然其對皮膚的傷害仍在研究當中。

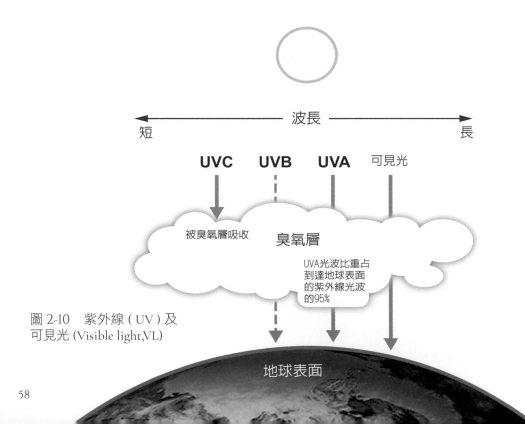

圖 2-10 紫外線（UV）及可見光 (Visible light,VL)

　　UVA 和 UVB 能穿透大氣層，其中 UVA 光波比重占到達地球表面的紫外線光波的 95%。UVA 無論在任何情況及天候下皆比 UVB 更能穿透雲層、玻璃和人體皮膚達真皮層，並造成相對性的危害，例如皮膚晒黑、老化和皺紋（光老化），甚至已被證實 UVA 會造成表皮基底層之角質細胞受損，並誘發皮膚癌發生率，由於 UVA 對於皮膚的損害為緩慢漸進性，因此其造成的長期潛在性危害容易被人們忽略。（如表 2-6 與圖 2-11 所示）

表 2-6　紫外線光譜範圍和皮膚影響

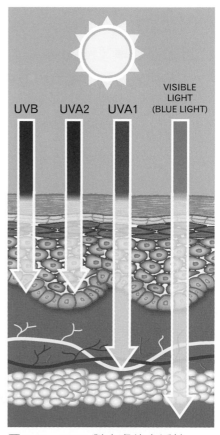

紫外線幅射（Ultraviolet radiation,UVR） 光波（長－短） 傷害（弱－強／緩慢性－立即性）			
UVA （長波）		UVB （中波）	UVC （短波）
UVA I	UVA II	290-320 nm	290-230 nm
340-400 nm	320-340 nm		
可達真皮層	可達表皮層		
皮膚癌			
晒黑、光老化和皺紋		晒傷、晒紅、暗沉和乾燥	幾乎皆被臭氧層吸收，不會到達地球。
皮膚色素沉著或產生斑點。			
皮膚老化、皺紋或提前老化。			

圖 2-11　UVR 對皮膚的穿透性

雖然 UVB 波長比 UVA 短，頂多抵達皮膚表皮層中，但卻會因全年不同季節、時間和地點，造成皮膚立即性的晒紅和晒傷，甚至延續晒黑的反應，如缺乏遮蔽物的空曠區域或海面反射作用，會使皮膚受 UVB 的損害提高。

基於上述關於 UVA 和 UVB 的認識，突顯防晒產品在皮膚保養程序中的重要性，然而針對那些宣稱具有良好防晒效果之產品，必須訂定全球統一性的評估方法，作為防晒效能評定之標準。

防晒效能是指可延遲 UVR 造成皮膚損害的保護能力，並透過科學方法測定紫外線保護係數（Protection Factor,PF），目前各國皆參考國際公認標準（International standardization organization,ISO）作為執行化粧品防晒效能測試之參考依據。有關 UVA 和 UVB 之現況如下：

（一）UVB 保護係數

SPF 是由 ISO 24444：2010 所訂定的體內（In vivo）檢測方法，為目前各國對防晒產品之防晒效能所公認的指標。我國衛生福利部經審慎研議，並參考國際間如歐洲、日本等國家的規範，公告規定防晒劑的防晒係數標示上限為 50，若超過 50 者，則以「SPF 50 +」或「SPF 50 Plus」標示之。

（二）UVA 保護係數

常見的指標為 PA（+）、PPD 和 Boot' s Star，是目前由歐洲和亞洲國家依不同的評定標準所制定，由於現今尚未完整建立，因此各種 UVA 評估方法仍由 ISO 單位進行全球性協調，而訂定全球性統一的 UVA 評估方法將是未來各國所期許的任務。目前有關防晒產品對於 UVA 的防禦效果，依不同測試標準及方法而有不同的標示方式。

常見標示如★（Boots Star Rating）號，即★★★★★或 PA（Protection grade of UVA）＋號，即 PA++++，當★號或＋號越多，表示防禦 UVA 的效果越好，皮膚在陽光下愈不易晒黑。（如表 2-7 所示）

表 2-7　常見的防晒係數標示

紫外線	各種測量指標及標示
UVB	SPF（數值）
UVA	PA（+） PPD（數值） Boot's Star（★） Broad Spectrum > 370 nm

然而無論防晒係數範圍值為多少，其不希望誤導使用者，例如當選用高防晒係數產品時，卻往往因塗抹量、均勻度及廣度不足等問題，使防護效能降低。

例如依 SPF 紫外線保護係數之測試方法及標準，塗抹防晒產品之厚度為每平方公分（CM^2）應塗抹 2 毫克，當使用者塗抹量低於測定標準時，其保護力是不足的。因此應注意以下幾點正確的防晒方式：

1. 依地點、紫外線指數，如相對缺乏遮蔽物的空曠區域（海邊或戶外），可以選擇較高防晒係數保護。

2. 需配合正確的塗抹厚度、均勻度和廣度。

3. 即使選用高防晒係數產品，仍應應適時重新增加塗抹次數，基本上約 2 小時後或流汗、擦拭過後便需重新塗抹。

4. 已塗抹防晒產品後，仍應適時撐傘、戴帽、使用太陽眼鏡及穿著淡色長袖棉質衣物。

5. 避免曝晒於強烈陽光下，如早上 10:00 ～ 下午 3:00。

關於宣稱具防晒功能之產品，依據我國衛生福利部對於防晒產品的管理規定公告：除了僅含二氧化鈦（Titanium dioxide, TiO2, 非奈米化）的防晒產品外，其餘含有防晒成分的化粧品均屬於特定用化粧品。

一、UVB 防晒

UVB 被視為具有灼傷性光波，會造成立即性的晒傷、晒紅及脫皮等不同的反應程度，甚至也是誘發黑色素瘤和皮膚癌的主要因素。

UVB 的防護係數，源自美國 FDA 於 1978 年首次發布的確定 SPF 的方法，至 1994 年由歐洲化粧品貿易協會（European Cosmetics Trade Association, COLIPA）COLIPA 採用，並於 2010 年 11 月，COLIPA 與 ISO 共同發佈 ISO 24444：2010 化粧品防晒係數 SPF 體內（In vivo）測定方法，並於 2017 年，確定防晒係數只有兩種標準方法：ISO 24444：2010 和美國 FDA 2011。

SPF（紫外線保護係數，Sun Protection Factor）代表 UVB 防晒係數，是指延遲紫外線（Ultraviolet B, UVB）對皮膚晒傷的保護能力指標，當皮膚曝晒於 UVB 輻射下，會造成皮膚晒傷與變紅，並誘發皮膚黑色素細胞的一連串反應過程，依美國 FDA（U.S. Food and Drug Administration）於 2011 制定標準，透過 10～15 人測試後所取得其平均值。

測試方法及標準：塗抹防晒產品之厚度為每平方公分（CM^2），即邊長為 1 公分的正方形面積，塗抹 2 毫克（即 $2.0mg/cm^2$），施於肩胛骨至腰部之間左右兩側（一側有塗抹防晒產品，另一側未塗抹防晒產品），並以紫外線模擬器 UVB 進行光照，經過 16～24 小時後，誘發產生可辨識之紅斑所需之最低紫外線照射劑量（Minimal Erythema Dose, MED），再利用公式計算該防晒產品對 UVB 射線的保護係數，

並以 SPF 及數值示之，係數值取決於防晒產品與 MED 之間的關係，數值為最低 4 至最高等級 50+，例如 SPF15、SPF30 或最高 SPF50+（如表 2-8），當係數值越高即表示保護能力越好。

SPF 紫外線保護係數公式：

$$SPF = \frac{有塗抹防晒產品（MED）}{未塗抹防晒產品（MED）}$$

SPF 主要是針對 UVB 輻射的影響，並非防止 UVA 光波，假設皮膚未塗抹防晒產品時，在太陽光下照射 1 分鐘即會有晒傷及變紅產生，而當有塗抹 SPF 15 的防晒產品後，可延後至 15 分鐘才會產生，則該產品之 SPF 為 15（SPF = 15/1）。

然而值得注意的是，多數使用者仍會誤認為防晒係數與時間成正比，因而選用更高的係數產品，根據澳大利亞輻射防護與核能安全局（Australian Radiation Protection and Nuclear Safety Agency）公布「使用防晒產品的目的是減少 UVR 暴露，而非延長在太陽光下度過曝晒時間，且應每隔兩小時重新塗抹一次，且從事戶外活動造成流汗或游泳後須立即重新塗抹。」，並針對不同係數之保護效能比較（如表 2-9）所示，當皮膚塗抹 SPF 15 可達 93% 的保護與 SPF 30 可達 97% 保護，雖然 SPF 係數增加一倍，但對於紫外線防護效能僅提升 4%。

表 2-8　將 SPF 防晒係數值 (4-50) 分為四種保護等級

SPF 係數	保護等級
4-6-10	低等保護
15-20-25	中等保護
30-40-50	高等保護
50+	非常高的保護

表 2-9 不同 SPF 係數之阻擋 UVR % 參考

SPF 係數	阻擋 UVR %
4	75
8	87.5
15	93.3
30	96.7
50	98

目前我國對於 SPF 係數規範，採參考國際間的規範，公告規定防晒劑的防晒係數標示上限為 50，若超過 50 者，則以「SPF 50+」或「SPF 50 Plus」標示之。

> **知識延伸**
>
> In vitro：『活體外』，即體外測試法
>
> in vivo：『活體內』，即體內測試法

二、UVA 防晒

UVA 的保護效果依不同的國家則有不同的測試方法。與 UVA 對皮膚的傷害不同，UVB 會有立即性晒紅及晒傷的強大反應，UV 會引發表皮中黑色素的過量生成，並透過氧化作用過程誘發人體自由基和組織的損害，繼而造成皮膚缺乏彈性及產生皺紋，甚至已被國際證實 UVA 會導致皮膚癌風險增加，且會依每個人的膚質和膚色外觀呈緩慢漸進性的變化，因此 UVA 被視為造成晒黑或變黑（色素沉著）的最主要因素。

常見的 UVA 防晒標示如下：

1.PPD（Persistent pigment darkening）：持續性色素沉著（時間）：In vivo.

源於日本，而 PPD 則為測量 UVA 所引起皮膚持續黑色素沉著（變黑或晒黑）的時間，假設皮膚未塗抹防晒產品，在太陽光下照射 1 分鐘後即會有晒黑的現象，而當有塗抹 PPD16 的防晒產品，可延後至 16 分鐘才會產生，則該產品之 PPD 為 16（PPD = 16 / 1）。澳洲於 2012 年採用 ISO 24443 方法。

測試標準：觀察皮膚晒黑需要多長時間，數值越高，表示 UVA 防護越好。

測試方法：以 UVA 模擬器進行照射，結束後觀察皮膚 2～4 小時的持續性變黑反應，作為防晒產品對 UVA 的保護效能指標。

$$PPD = \frac{MPDp（有塗抹防晒產品）}{MPDu（未塗抹防晒產品）}$$

2.Boots Star Rating System：UVA / UVB 比例：In vitro

由英國（UK）Boots 品牌商在 1992 年所推出的 UVA 星級評定系統，採 UVA 與 UVB 平均吸光度比率和 PPD 系統。

由歐洲 COLIPA 所公布的防晒效果測定方法：Boots Star Rating 系統，並以星號★（最多 5 星）表示，例如 3 星級可保護 60～80% 的 UVA，星號越多表示 UVA 與 UVB 保護比率越好，Boots 在 2008 年對該系統進行了修訂，並採用 COLIPA，認定 UVA 防護係數至少應為標記 SPF1/3 及 CW > 370nm，並宣布 1 星和 2 星已過時，基於不能提供足夠的 UVA 保護，採以最低 3 星至最高 5 星。

測試標準及方法：當 UVA / UVB 比例越接近 1，可獲得星號就越多。（如圖 2-12 所示）

圖 2-12　星級 (Boots Star) 評定系統 UVA / UVB 比率

3.PA（Protection Grade of UVA）：最小持續性黑色素沉著劑量：In vitro

PA 代表 UVA 防護等級，普遍於日本、韓國和亞洲等國家使用，由日本厚生 JCIA（Japan Cosmetic Industry Association：日本化粧品工業聯合會）所公布 UVA 防護係數（UVA protection factor,UVAPF），測定方法是將歐洲所訂定的 PPD 測試方法進行簡化，並於 2012 年通過了 ISO 24442 測試方法，自 2013 年 1 月 1 日起，將原本 3 個（＋）級別修訂為四個（＋）等級，分別為 PA+、PA++、PA+++ 與 PA++++ 四級（聲稱 PA ++++ 需要 PPD 值 > 16）。（如表 2-10 所示）

表 2-10　紫外線 A 防護指標 UVAPF、PA 與 PPD 之等級換算

UVAPF	Protection Grade	PPD
2 to less than 4	PA+	PPD 2-4
4 to less than 8	PA++	PPD 4-8
8 to less than 16	PA+++	PPD 8-16
16 or more	PA++++	PPD 16 or more

測試標準：乃將其分組採最小持續性黑色素沉著劑量 MPPD（Minimal Persistent Pigmentation Dose）作為指標。

測試方法：於肩胛骨至腰部之間，塗抹防晒產品（$2.0mg / cm^2$），以最低的 UVA 模擬器劑量進行照射結束後，觀察 2-24 小時之間，所產生第一次可明確察覺的持續性色素變黑反應，並以「PA」加號（+），作為防護程度標準，+ 號越多表示保護的指數就越高。

$$PA = \frac{MPPD（Seconds）- Protected\ Skin（有塗抹防晒產品）}{MPPD（Seconds）- Unprotected\ Skin（未塗抹防晒產品）}$$

4. 臨界波長和廣譜紫外線防護（Critical Wavelength and Broad Spectrum UV Protection）：In vitro

廣譜紫外線防護是指臨界波長可基於 SPF 作為辨別防晒產品的標準，同時確保與 SPF 相稱的 UVA 波長的防護量能清楚標示，該方法是由美國 FDA 於 2011 年（PPD 系統）最終規則中，放棄了 2007 年提出的 4 星號★（In vitro） UVA / UVB 和 PPD 系統（In vivo），而採用根據歐盟 COLIPA 2006 年所提出的臨界波長進行了修訂，並作為聲明廣譜的唯一標準。美國 FDA 仍然使用分光光度計測量 UVA 對 UVB 的吸收，並定義廣譜防晒是指臨界波長（Critical Wavelength, CW）值必須大於 370nm。（如圖 2-13 所示）

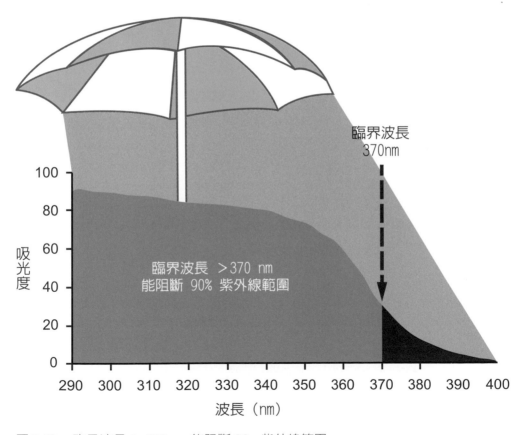

圖 2-13　臨界波長 > 370 nm 能阻斷 90% 紫外線範圍

由於 UVB 無法提供 UVA 的保護，而造成即使塗抹了不會晒傷的產品，卻還是會發生皮膚晒黑的反應，因此為重視 UVA 和 UVB 之間的平衡，因而訂定公式「SPF／PPD ≦ 3」，即 UVA 保護應至少為 UVB 的 1／3，等於兼具 UVA 和 UVB 的防晒效能。

　　宣稱具有廣譜防護之產品須符合以下要求：

1. 符合 UVA 保護係數至少為 SPF 的 1／3：如選擇至少 SPF15 產品應至少具有 5 的 UVA 保護成分。

2. 符合最低 UVA 保護係數：具 UVA 保護係數 PPD（In vivo）或 PA（In vitro）方法。

3. 符合 CW（臨界波長）> 370 nm 以上：指臨界波長為該防晒產品經測試能阻斷 90% 紫外線的最大波長。

圖 2-14　符合歐盟（EU）防晒標準，即 UVA 標誌

　　符合以上要求，即允許圓形標籤上具有 UVA 字樣，並於 2012 年 6 月實施。（如圖 2-14 所示）

知識延伸

衛生福利部食藥署公告　　　　　　【發布日期：2019-04-30】

　　消費者除了看清楚防晒產品標示，也要根據需求選擇防晒係數適合的產品，如果只是一般外出使用，防晒係數可以不用太高，如果是要到海邊或其他長時間曝晒的場所，就可以選防晒係數高一點的產品。此外防晒產品應於約 2 ～ 3 小時就要補擦，才能保持防晒效果。

2-5 皮膚老化與抗氧化

化粧品的使用，除了可以身體清潔外，也廣泛用於潤澤皮膚，使皮膚獲得改善，如長期乾燥所造成皮膚老化，繼而產生細紋、皺紋、暗沉及斑點等。然而，皮膚老化的原因除了年齡與乾燥外，容易受到環境物質及身心健康所造成的氧化影響，而加速老化及造成其他皮膚問題。

一、造成皮膚老化的因素

膚質的變化大多是受到先天遺傳基因與後天保養習慣、飲食攝取及外在環境等因素影響，這些導致皮膚老化的因素大致可分為年齡自然老化與外在因素的老化兩種類型，並造成老化程度的不同，如皮膚產生皺紋、暗沉、膚色不均及斑點等老化現象。

1. 年齡的自然老化

隨著年齡增長，皮脂的分泌量會逐漸減少，使得皮膚屏障的功能降低。連帶皮膚的水合能力就會減弱，進而造成皮膚的彈性組織（彈性蛋白和膠原蛋白）自然減少，此時皮膚表面就會呈現萎縮、變薄與清晰透明的狀態。另一方面，黑色素細胞所產生的黑色素數量也會隨著年齡增長而減少，黑色素的顆粒因此會增大而產生大面積的色素斑點，以上現象又會隨著其他因素的影響而有不同變化。

2. 外在因素的老化

紫外線、飲食、疾病、壓力或肥胖等都是造成老化的外在因素，不同因素所造成的老化有著極大的差異性，例如長期曝露在陽光下（光老化），紫外線輻射會導致人體 DNA 受損，甚至造成皮膚的彈性組織加速流失，皮膚表面因而變得粗糙、產生細紋和皺紋，或是生成不規

則性的色素，如雀斑或黑斑。年輕皮膚因自我修護能力較佳，在相同的狀況下，皮膚的氧化性老化會較為緩慢。

二、自由基對人體的影響

自由基（Free radicals）又稱游離基，會在人體細胞更新的過程中產生。例如人體遭受外界環境傷害或人體內部發生疾病時，會誘發人體自由基產生，當人體自由基持續或大量產生時，將加速人體氧化的過程，大量的人體自由基會使細胞受損和功能衰退，最後造成人體老化、產生各種疾病。

自由基會產生是因為帶負電荷的微小電子顆粒脫離軌道，導致自由基內部出現不穩定的不成對電子（未配對），為了轉為安定狀態，不成對電子會搶奪其它原子或分子的電子來湊對，繼而造成一連串的連鎖反應。（如圖 2-15 所示）

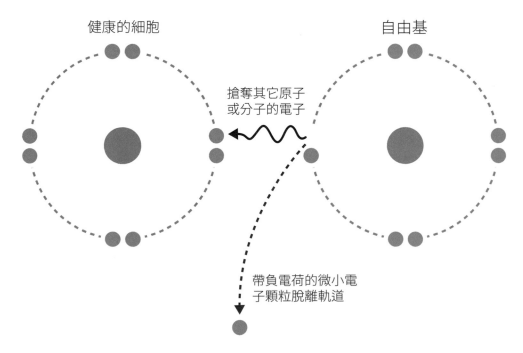

圖 2-15　自由基為不成對電子的原子或基團

三、自由基對皮膚的影響

人體自由基的產生除了外在環境因素之外，也源自於身體疾病或情緒壓力等內在因素。當人體面臨疾病或情緒壓力時皆可能誘導人體自由基及自身代謝的活性氧（Reactive oxygen species, ROS）加速產生，而當人體細胞內 ROS 過量時，會攻擊人體的去氧核醣核酸（Deoxyribonucleic acid, DNA）、蛋白質和細胞膜脂，造成人體難以修復的傷害。

膠原蛋白是構成皮膚纖維的蛋白質，是維持皮膚彈力的基石。自由基會與人體中的蛋白質結合，造成皮膚的脂質氧化，繼而損害皮膚中的膠原蛋白，導致皮膚出現常見的老化症狀，如細紋、皺紋和鬆弛等問題。當人體曝露於空氣、紫外線照射或環境污染物下時，人體自身的防禦功能，如抗氧化物質等成分會自動開啟。人體的抗氧化物質是透過中和自由基的運作來阻止蛋白質的持續氧化與損害，以常見的皮膚問題而言，當自身的抗氧化物質不足以中和自由基運作時，將導致皮膚氧化、斑點或暗沉，甚至是過早老化所產生的皺紋情形發生，因此不斷補充人體皮膚所需的抗氧化物質，即可以延緩皮膚氧化所造成的問題。

四、皮膚的抗氧化物質

提升人體自我合成抗氧化物質的含量是防止自由基損害皮膚的方法之一，常見的人體自我合成抗氧化物質有：穀胱甘肽過氧化物酶（Glutathione Peroxidase, GPx）、超氧化物歧化酶（Superoxide Dismutase, SOD）、過氧化氫酶（Catalase, CAT）和非酶低分子量抗氧化劑（Nonenzymatic low-molecular-weight antioxidants）。

天然植物被視為是大多數抗氧化劑的主要來源，因此透過體內和體外攝取植物中的化學物質作為提升人體抗氧化防禦系統，以化粧品成分中常見的抗氧化物質有：維生素 E 生育酚（Vitamin E tocopherol）、維生素 C（Vitamin C）及其延伸物、三胜肽或稱為榖胱甘肽（Gglutathione, GSH）、輔酶 Q10（Coenzyme Q10）、艾地苯（Idebenone）、綠茶多酚 Green Tea Polyphenols）、葡萄多酚（Grape Seed Oil, Vitis Vinifera）、薑黃素（Tetrahydrodiferuloylmethane）及迷迭香（Rosmarinus Officinalis）等。

2-6　頭髮的生理

　　頭髮屬於皮膚的附屬器官，具有體溫調節、保護和觸覺的功能；另一方面，也影響著個人身心及給他人的印象與評價的重要性。有關頭髮的相關產品，在化粧品市場中一直是備受重視，因此，了解頭髮的生理功能除了有助於個人護理外，更是頭髮相關產品之研發所應具備的基礎概念。

一、頭髮的成分與結構

　　毛髮最主要的成分是多種經角質化的胺基酸所組成的角質蛋白（Keratin），角質蛋白中常見的胺基酸有胱胺酸（Cysteine）及谷胺酸（Glutamic acid）等（如表 2-11 所示），毛髮的其他成分則有脂質、黑色素、微量元素及水分等。

表 2-11　毛髮的胺基酸比例（依比例 % 排列）

項次	胺基酸名稱	比例 %
1	谷胺酸（Glutamic acid）	14.3 ～ 15.5%
2	胱胺酸（Cysteine）	15%
3	絲胺酸（Serine）	9.6 ～ 10.8%
4	精胺酸（Arginine）	8.8 ～ 9.6%
5	脯胺酸（Proline）	7.0 ～ 7.8%
6	羥丁胺酸（Threonine）	6.5 ～ 7.5%
7	白胺酸（Leucine）	6.4 ～ 6.9%
8	天門冬胺酸（ASPArtic acid）	5.6 ～ 6.5%
9	甘胺酸（Glycine）	4.5 ～ 5.2%
10	丙胺酸（Alanine）	2.8 ～ 3.5%
11	賴胺酸（Lysine）	2.6 ～ 3.1%
12	酪胺酸（Tyrosine）	2.1 ～ 2.7%
13	苯丙胺酸（Phenylalanine）	2.2 ～ 2.8%
14	異白胺酸（Isoleucine）	2.3 ～ 2.5%
15	色胺酸（Tryptophan）	0.8 ～ 1.2%
16	組胺酸（Histidine）	0.8 ～ 1.1%
17	蛋胺酸（Methionine）	0.5 ～ 0.9%

　　毛髮的結構中，突出表皮外部的毛髮稱為毛幹（Hair shaft），毛幹是突出皮膚的可見部分。銜接位於皮膚內層的真皮與皮下組織中的則稱為毛根（Hair root），毛幹與毛根都是由三層結構—最外層：毛表皮層（Hair Cuticle）、中間層：毛皮質層（Hair Cortex）和最內層中心：髓質層（Hair Medulla）所組成（圖 2-16 所示）

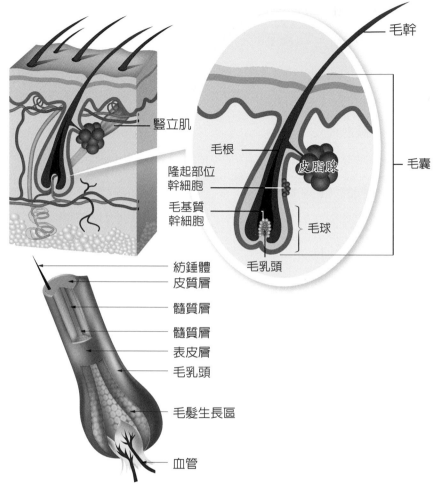

圖 2-16　毛髮的結構

1. 毛表皮層（Hair Cuticle）

　　毛表皮層是頭髮的最外層，是由重疊的鱗片狀細胞（毛鱗片）所組成。鱗片向下朝毛幹的末端整齊排列，可減少頭髮的水分流失並防止頭髮的纖維受損，使髮絲維持健康與光澤感。當頭髮在酸性環境下時，鱗片會合攏排列，在鹼性環境下，如燙髮及染髮時，則會呈現張開狀態，能幫助化學溶液進入內部皮質層。

2. 毛皮質層（Hair Cortex）

毛皮質層位於毛髮中間，約占頭髮總重量 90～95%。毛皮質是由細長的平行柱狀細胞形成纖維物質後，以聚集方式緊密結合而成。毛皮質中由 85～90% 蛋白質及 10～15% 碳水化合物所構成的纖維束，為頭髮的重要結構，纖維束中所含有的鹽鍵、氫鍵、二硫化鍵，是使頭髮具有強硬度、捲曲、張力和彈性的重要物質。二硫化鍵可經由化學處理改變結構，使頭髮得以暫時或永久性塑型及染色。毛皮質中的黑色素則是決定頭髮色澤的關鍵要素，透過物理加熱或加濕後，可使頭髮定型。

3. 毛髓質層（Hair Medulla）

毛髓質層又被稱為頭髮的骨髓，位於毛髮的最內層，是由圓形細胞互相分離的透明多角形的角化細胞所構成。大多數人的頭髮不存在毛髓質層，毛髓質層通常僅存在於較粗硬的毛髮中，但不具備毛髓質並不會影響燙髮、染髮或護髮等護理過程。

二、毛髮的生長與養分來源

毛髮是從位於頭皮下方的髮根（Hair root）至真皮中的發牙層（Germinating layer）中間的位置開始生長，毛髮在成長的過程中會構成毛囊外部，毛囊中所含有的毛囊幹細胞是負責毛髮生長的重要器官，當毛囊受損或機能衰退、凋亡時，毛髮就無法再生長，最後造成禿髮。

毛囊是由發牙（生）層銜接底部生髮基質（Germinal matrix）至外根鞘（Outer root sheath）包圍後所形成。所形成的凹處為真皮乳頭（Dermal papilla），又稱為毛乳頭，毛乳頭中的毛乳頭細胞可經由血液輸送，提供髮幹（Hair shaft）所需的養分。

髮幹（突出於表皮外部）的生長是來自於內根鞘（Inner root sheath）與生髮基質中的毛母幹細胞，經由不斷的細胞分裂，使蛋白質角質化向上推移後，構成角質蛋白（Keratin），也就是看得見的部分常稱為毛髮。

三、毛髮的生長週期

健康的狀態下，每一個毛囊約可長出 2 ～ 3 根的頭髮，頭皮面積平均可達約 8 ～ 14 萬根毛髮，毛髮每個月可生長 1 公分左右，髮質粗細與髮量的多寡會依人種、遺傳基因和身體不同的部位而有差異。人體中約 85 ～ 90% 的毛髮會維持生長狀態，10 ～ 15% 毛囊則會處於停止生長（休止期）的階段並等待新生細胞開始生長毛髮，此一過程稱為毛髮的生長週期，可細分為下列三個階段：

1. 生長期（Anagen）

為毛髮從底部的真皮乳頭層不斷產生新細胞，再至表層外部形成強硬髮幹的生長過程，人體中約有 85 ～ 90% 的毛髮處於該階段，此階段的毛髮可持續生長約 3 ～ 7 年，是決定頭髮長度的關鍵所在。

2. 退化期（Catagen）

為毛髮開始角化的過程，退化期會持續 2 ～ 4 週左右，人體中約 1 ～ 2% 的毛髮處於該階段，此階段的毛髮會呈現毛囊萎縮並脫離真皮乳頭的狀態。

3. 休止期（Telogen）

為毛髮停止生長準備脫落的過程，此階段約可持續 2 ～ 4 個月，人體中大概有 10 ～ 15% 的毛髮處於該階段，正常狀態下，每天大約有 50 ～ 150 根毛髮自然脫落。（如圖 2-17 所示）

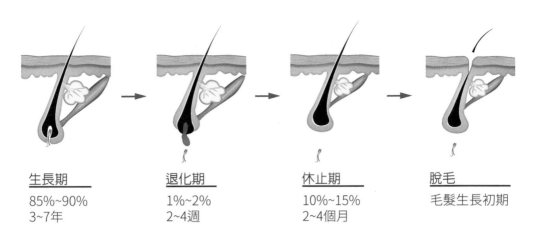

<u>生長期</u>
85%~90%
3~7年

<u>退化期</u>
1%~2%
2~4週

<u>休止期</u>
10%~15%
2~4個月

<u>脫毛</u>
毛髮生長初期

圖 2-17　毛髮的生長週期

四、毛髮的化學性質與 pH 值的關係

　　毛髮的成分主要由多種胺基酸所組成，毛髮的 pH 值與皮膚相近，並受頭皮 pH 值影響，而呈現大約為 pH 值 4.5～5.5 之間。相對於越容易出油或油性頭皮者其頭髮 pH 值較低（偏酸），反之乾性頭皮者則較高（偏鹼），pH 值 5.0 為毛髮的等電點，表示毛髮處在最佳的健康狀態，此時鱗片會向下緊密且整齊的排列。當 pH 值超出或低於此等電點時，毛髮的狀態會改變，例如在洗護燙染頭髮的過程中，洗髮產品的主要成分是陰離子界面活性劑，會造成毛鱗片張開，而潤絲或護髮產品的主要成分是陽離子界面活性劑，其 pH 值在 3.5～5.5 之間，可使毛鱗片回復良好狀態，進而使毛髮柔軟與平滑，故潤絲或護髮被視為是維持毛髮健康的重要護理程序，而頻繁性燙染更是造成毛髮乾燥受損的主因。

　　由於毛髮護理和皮膚保養的原理是相近的，因此維持毛髮水分處在適當的平衡點也是非常重要的步驟，當毛鱗片維持在 pH 值 4.5～5.0，將有助毛髮外觀呈現光滑、亮澤與健康的狀態。（如表 2-12 所示）

表 2-12　毛髮受產品 pH 值的影響及變化

pH 值	酸性產品	鹼性產品
產品類型	潤絲、護髮或含胺基酸成分的產品。	燙髮、染髮或含陰離子界面活性劑的產品。
影響及變化	收縮毛表皮層（毛鱗片），使毛髮維持健康，賦予頭髮強韌、彈性及光澤。	擴張毛表皮層（毛鱗片）增加膨潤度，使頭髮鱗片呈現多孔的狀態，髮質變得粗糙、乾燥及受損。

CHAPTER

3

化粧品原料與應用

化粧品製劑是透過各種原料的應用所組成，由於每一種原料具有其特殊功能與使用目的，因此將所有化粧品原料進行分類而區分為四種主要屬性，並由該四種性屬性構成化粧品製劑的基本組成架構：（如圖 3-1）

3-1　基劑原料

　　基劑原料主要為水和油脂，兩者是構成化粧品製劑的基本原料，主要功能為溶解其他成分之基本物質並主導製劑屬性，例如油性或水性，也決定該製劑外觀與其他原料應用組合的情形。例如常見的化粧水製劑，其外觀可輕易分辨是基於完全為水的狀態；而按摩油製劑則是除了透過外觀的認知外，更可透過嗅覺和觸覺感知以及透過沖洗的過程來認定。

圖 3-1　化粧品的組成與架構

一、水質（Water）

　　水是化粧品成分中使用最為廣泛的原料，主要應用於溶解配方中其他成分的用途，也是大多數配方中含量最多的成分之一，另一方面更用於化粧品設備的洗滌與清潔。由於水含有離子等元素，有助於人體飲用補充所需養分，稱之為硬水。然而，當作為化粧品使用時，為避免水中離子等元素影響配方穩定性，因此必須採用飲用水為水源，也就是經製水、過濾、純化、蒸餾、貯存或運送等過程淨化而得的軟水，如去離子水或純水。更重要的是必須避免水質遭受汙染，倘若水質未經純化或受微生物汙染時，皆可能造成配方產品不穩定、變質或汙染。

二、油質（Oily）

油質原料被應用於各式護膚保養、護髮及彩粧化粧品製劑中，如乳液、乳霜、基礎油、唇膏等，作為主要基劑原料之用途，可以提高製劑的流變性（稠度）與觸變性（觸感），並提供皮膚滋潤、延展、滑潤、光澤與柔軟等性質變化。在化粧品原料中，油質可分為天然油質及合成油質原料，泛指油類（Oil）、酯類（Fat）及蠟類（Wax）等，總稱為油脂。

化粧品的天然油質主要為動物脂肪和植物油類的油脂，是由甘油和脂肪酸所組成，其中脂肪酸約占脂質量 95%，且依脂肪酸種類與甘油結合而形成各種不同的油脂類型與型態，並將所有油脂統稱為脂質（Lipid）。

油脂屬不溶於水的物質，油比水輕，相對密度約在 0.7~0.9 與蠟類皆屬油質原料，且彼此間大多具互溶性，因此在化粧品製劑中的應用可依不同黏性、極性、質地與性質比例混和搭配添加於配方中，使配方製劑呈現滋潤、平滑、柔嫩或清爽不黏膩等不同觸感變化，其目的是提升皮膚滋潤及保護皮膚防止水分散失的作用。

油脂的類型可依脂肪酸結構分類，可分為長鏈（C_{12} 以上）飽和脂肪酸、單元不飽和脂肪酸及多元不飽和脂肪酸三類，並由這三類脂肪酸以不同比例組成決定其不同的油脂特性、營養價值以及常溫下的外觀。液態稱之為油，而固態則稱之為脂。

飽和脂肪酸其碳鏈為全部單鍵（C-C）所構成，碳鏈越長，在常溫下越呈固態，稱為脂，較為安定且不容易變質，如動物性油脂、椰子油及棕櫚油中含量最多。

單元不飽和脂肪酸其碳鏈含有一個雙鍵（C=C）所構成，其中含一個碳雙鍵，其餘皆為單鍵，主要含油酸或棕櫚油酸，廣泛存在於橄欖油、棕櫚油或堅果類等植物油中，相對穩定。在常溫中為液態，但當冷藏時會呈固化，如橄欖油或棕櫚油。

多元不飽和脂肪酸是由兩個以上的碳雙鍵（C=C）所構成，主要含亞油酸、亞麻油酸。雙鍵較多，相對容易氧化而產生油耗味，存在於多數植物油脂中，其碳鏈長短不影響油脂狀態，在常溫、冷藏或冷凍時大多仍然是維持液態。

另一方面，為分辨各種油脂的不同特性，可透過檢測油脂的碘價（Iodine Value）、皂化價（Saponificationvalue,S.V.）及酸價（Acidvalue,AV）作為測定油脂品質的指標：

（一）碘價（Iodine Value；I.V）測定

碘價可作為評鑑油脂的不飽和程度指標，即 100 克油脂吸收碘或碘化物的克數，碘價的數值範圍由 0~200，當數值越高，表示所含脂肪酸含量愈多，相對不飽和程度越大；而飽和脂肪酸之碘價即越低至 0，因此欲降低油脂碘價，可將油脂進行氫化反應。依油脂碘價數值判定油脂的乾性程度分為以下三種：

1. 乾性油（Drying Oil）

碘價高於 120，約含 50% 以上的多元不飽和酸，在空氣中與氧接觸產生聚合反應（Polymerization）形成油膜，含有少量之油酸及固體脂肪酸，而含有亞油酸及次亞油酸等不飽和脂肪酸之甘油酯（Glyceride）越多，其安定性也越差，越容易產生氧化和酸敗如亞麻仁油（Linseed oil）或小麥胚芽油（Wheat germ oil）等。

2. 半乾性油（Semi-Drying Oil）

碘價介於 100-120，約含 20%~50% 的多元不飽和脂肪酸，如亞麻仁油酸及油酸，介於乾性油與非乾性油之間，如杏仁油（Almond oil）。

3. 非乾性油（Non-Drying Oil）

碘價低於 100，約含有 20% 以下的多元不飽和脂肪酸，油脂含有較少不飽和鍵，甚至為不含不飽和鍵的脂肪酸脂類，如棕櫚酸及硬脂酸。而不含次亞麻仁油酸或極少量亞麻仁油酸，暴露於空氣中也不會生成薄膜，因此屬於化粧品的常用油，如荷荷葩油（Jojoba oil）為 C20 ～ C22 屬直鏈的液態酯蠟，即為單元不飽和脂肪酸或椰子油（Coconut oil）、橄欖油（Olive oil）及可可脂（Cacao Butter）。

（二）皂化價（Saponification Value；S.V.）測定

肥皂的製作是由油脂（即甘油三酯）經鹼性條件下水解後所產生的甘油和脂肪酸鉀鹽或鈉鹽，該過程即稱之為皂化反應，而皂化價是指中和 1 克油脂能被水解皂化成脂肪酸時所需的氫氧化鉀（KOH）或氫氧化鈉（Naoh）（兩者即製作肥皂之鹼）之毫克數，因此透過皂化價可以估計脂肪酸的平均分子量（碳鏈長度），作為評鑑油脂的種類，長鏈脂肪酸具有較低的皂化值，且具有較高分子量的甘油脂肪酸，相對需要較少的鹼，如椰子油具有較高的皂化價，而礦物油（Mineral oil）如白油或白蠟不受鹼作用。

（三）酸價（Acid value；AV）測定

為中和 1 克油脂中所含游離脂肪酸（Free fatty acid）所需氫化鉀（KOH）之毫克數，酸價可作為評鑑油脂新鮮度及保存期間酸敗程度的參考值，當油脂曝露於高溫或存放過久等加速氧化因素，會造成酸價的提升，油脂會持續釋出游離脂肪酸，而當分解產生的游離脂肪酸或衍生過氧化物越多時，使油質開始劣變，即表示酸敗的程度，依國際標準，品質良好之精製油的酸價為 0.2mgKOH/gram 以下。

由上可知，檢測油脂的碘價、皂化價及酸價是測定油脂品質的重要指標，而三者之數值主要是基於各種油脂脂肪酸含量而決定。（如表 3-1 所示）

表 3-1　植物脂肪與皮膚的作用影響

中／英文名稱 雙鍵數	對皮膚的作用與影響
α-亞麻油酸 α-Linolenic Acid, ALA C18：3	1. 屬多元不飽和（Omega-3, ω-3）脂肪酸，為人體必需脂肪酸。人體無法自行合成，具有改善皮膚屏障完整性、調節油脂分泌、減少黑色素合成、抗氧化及抗炎作用。 2. 可維持皮膚機能正常代謝及提升皮膚抵禦力。存於少數植物油中，如大麻籽油、月見草油、琉璃苣油和核桃油等。
亞（麻）油酸 Linoleic Acid/LA C18：2	1. 屬多元不飽和（Omega6, ω-6）脂肪酸，人體無法自行合成，可促進免疫反應（啟動發炎反應）而達保護細胞之作用，具有維持皮膚表皮屏障與緩解皮膚敏感的功能。 2. ω-6 脂肪酸在體內經轉化合成三種前列腺素，為 PGE1、PGE2 和 PGE3： PGE1：具抗炎性及提升抵禦力作用。 PGE2：轉化成花生四烯酸（Arachidonic acid, AA）並促進 PGE2 產生而導致發炎反應。 PGE3：經酵素作用轉化成 EPA，再經由 EPA 轉化成 PGE3 而具有抗炎及提升抵禦力作用。 3. 存於多數植物油中，如大豆油、葡萄籽油、芝麻油、核桃油和葵花籽油等。
棕櫚油酸 Palmitoleic acid C16：1	1. 屬單元不飽和（Omega-7, ω-7）脂肪酸，人體可自行合成，可促進體內細胞維持正常及抗自由基作用。 2. 具有保護皮膚免於微生物感染和抑制黑素生成。 3. 多數存於棕櫚油或夏威夷堅果油中。
油酸 Oleic acid C18：1	1. 屬單元不飽和（Omega9, ω-9）脂肪酸，由人體透過 Omega-3 和 Omega-6 脂肪酸之間平衡而自行合成，具有抗炎及防止皮膚水分散失。 2. 存於多數植物油中，如橄欖油、杏仁油、葵花籽油和酪梨油等。

（一）天然油蠟類

1. 植物油脂（Vegetable oil）

植物油脂在化粧品成分中常被作為天然素材的來源之一，由於大多數植物油脂含有不飽和脂肪酸雙鍵，對皮膚具有良好的滋潤與保護效果，然而添加於產品中容易造成氧化甚至產生油耗味，當植物油脂所含的不飽和脂肪酸雙鍵越多，氧化反應越快相較不穩定如琉璃苣油，而若含有較多飽和脂肪酸如椰子油或棕櫚油則較為安定。

植物的種類眾多，而植物油是取自植物種子、花葉、根莖或果實經研磨後冷壓所提取的植物油脂，並廣泛應用於日常食用油、食品製造及化粧品製劑中，且依產季、產地、氣候、收成因素、生產製作萃取、精製方式與程度的不同而影響其脂肪酸含量、外觀軟硬、熔點或質量的差異性，其中依萃取方式又可分為冷壓或冷壓後再精製而分為未精製（Unrefined）及精製（Refined）其關係著油脂的純度價值與氧化的速度，例如冷壓萃取法意指以機械壓力擠壓出油脂，其中又以第一道萃取及冷壓萃取能保留植物營養價值，如天然維生素、礦物質、天然香氣和味道。

雖然未精製油（Unrefined oil）或非氫化（Unhydrogenated）油脂質量較為純淨，可保留更高的植物營養價值、天然香氣與色澤，但由於易酸敗或變質，因此化粧品常添加精製油（Refined oil）於製劑中。

精製油是指再經過氫化（Hydrogenation）處理的油脂，乃將氫氣壓入油中並透過加熱、調和或去除不需要物質，如部分氫化至完全氫化所產生含有不同程度的飽和脂肪，又如製成具有飽和脂肪酸油脂，也就是使液態油脂變成半固態、固態和蠟狀等不同稠度的外觀型態，因此又稱氫化油（Hydrogenated oil），其目的是減低或去除未精製油所產生的氧化酸敗問題、使油脂更為穩定、易於儲存與銷售，然而當油脂經精製處理後會使植物油中的必需脂肪酸、生物活性與營養元素

流失，且依精製程度或二次冷壓如剩餘果渣與油（或水）混合（或以加熱方式）再多次擠壓等方式最終所產生的油質屬於較低質量的油脂相對價格較低，也因此會有市場品質與價格懸殊差異。

2. 天然酯蠟類（Butters/Wax）

　　蠟類是由高級脂肪酸和高級脂肪醇經酯化反應所形成的酯類，由12-32 個碳原子（C_{12}-C_{32}）組成的長鏈脂肪，蠟常溫下為固體，經加熱後與油脂具有融合性及助乳化穩定性，在化粧品的應用除了可提升皮膚滋潤性外，主要作為黏度、觸感和稠度調整用途，而蠟的熔點是依各種蠟其組成的脂肪酸不同而有熔點之差異性，例如植物類油脂含不飽和脂肪酸因此在室溫下多呈液態或半固態屬低熔點，相對合成脂的熔點較高而呈固態、顆粒或片狀，因此當添加於配方製劑中時所形成的固化程度會依添加的蠟質類型及比例而有稠度及硬度的變化。

　　化粧品油脂蠟類原料來源有植物性、動物性、礦物性及合成油脂，其中又以植物油酯（Butters）依不同植物油酯其熔點約於 30-60°C 左右，常溫下呈固體狀，其含有生育酚、植物甾醇、醇類、類胡蘿蔔素、碳氫化合物等，具有延緩皮膚老化、抗炎舒緩、修護癒合、保濕滋潤、提升皮膚耐受性、光保護及助乳化等作用。（如表 3-2、3-3 所示）

表 3-2　常用化粧品天然蠟類成分

項次	中文名稱 / 別稱	INCI 名稱	
		來源及特性	
		外觀	熔點° C
1	巴西棕櫚蠟 / 巴西蠟	Carnauba Wax；Carnauba Copernicia Cerifera（Carnauba）Wax	
		原產於巴西棕櫚蠟，無毒、低過敏性及耐熱性非常高，具乳化性及持久光澤度，因此適用於護膚及口紅產品。	
		棕色至深黃色固態片狀	81-87° C
2	堪地里拉蠟 / 小燭樹蠟	Euphorbia Cerifera（Candelilla）Wax	
		源自小燭樹，應用於護膚、唇部護理或口紅產品，作為增稠劑、潤膚劑和成膜劑，具有提升良好滋潤、光澤及硬度作用。	
		棕色至深黃色顆粒	68-73° C
3	蜂蠟 / 蜜蠟	Beeswax（Cera Alba）	
		取自蜜蜂所分泌的蠟脂是一種透明的無色液體，於空氣接觸後會形成半固體物質，經處理後用於化粧品製劑，蜂蠟的主要含 70% 以上酯類及 30% 是游離蠟酸，賦予皮膚滋潤作用，並具良好可塑性、結合力及助乳化與提升硬度特性。	
		微黃至深黃色顆粒	62-65° C
4	羊毛蠟	Lanolin	
		羊毛脂是由羊的皮脂分泌物附著於羊毛中取得的羊毛脂酸、羊毛脂醇和羥基酯組成的一種天然蠟，羊的皮脂腺分泌物主要含甾醇酯和角鯊烷，作為屏障保護和潤膚作用，提升皮膚保濕性。	
		黃色黏稠狀	40° C

項次	中文名稱 / 別稱	INCI 名稱	
		來源及特性	
		外觀	熔點° C
5	荷荷巴蠟	Jojoba Wax	
		液體蠟形式，具有極佳的保濕及潤膚作用。	
		黃色液體	
6	柳橙蠟	Citrus Aurantium Dulcis（Orange）Peel Wax	
		取自柳橙外皮，主要含未飽和羥基、飽和單酯 50-65%、游離脂肪酸 6-15%、烴 8-15%、植物甾醇酯 5-18%、植物甾醇 4-8%、游離醇 2-7%、胡蘿蔔素 0.5-2%、醣脂質 0.5-2%、磷脂 0.5-2% 和黃酮 0.2-1%，具有與羊毛脂相似之物性。	
		橙色軟固體	35-60° C

表 3-3　常用化粧品天然酯蠟類成分

項次	中文 / 英文名稱	INCI 名稱	熔點範圍（°C）	特性	外觀
1	大麻籽油 Hemp Seed Butter	Cannabis Sativa Seed Oil/Hydrogenated Vegetable Oil	30-37	由大麻種子（Cannabis Sativa）冷壓榨取之油脂，經精煉製得，富含最豐富的必需脂肪酸，具極佳皮膚吸收性及優異的潤滑性，且無油膩感，適用於各種皮膚護理，並減少 TEWL。	微黃乳白色軟固脂

項次	中文 / 英文名稱	INCI 名稱	熔點範圍（℃）	特性	外觀
2	可可脂 - 天然 Cocoa Butter-Natural 可可脂 - 精緻 Cocoa Butter-Refined	Theobroma cacao（cocoa）seed butter	38-40	來自熱帶地區生長的可可樹（Theobroma Cacao）果實，廣泛運用於各種製藥、食品和各種化粧品中，在化粧品最常運用於洗沐和肥皂產品中作為清潔用途，具有光滑質地及潤膚作用，含有最穩定的脂肪酸，可防止酸敗的天然抗氧化作用、減少皮膚乾燥並提升皮膚彈性。	微黃乳白色軟固脂
3	杏仁脂 Almond Butter	Prunus Amygdalus Dulcis（SweetAlmond）Oil（And）Hydrogenated Vegetable Oil	44-54	由杏仁油與氫化植物油混合製成，具有溫和的氣味，適用於各種皮膚護理，類似於乳木果脂之物性。	微黃綠色軟固脂
4	芒果脂 Mango Butter	Mangifera indica（Mango）Seed Butter	30-37	芒果果實（Mangifera Indica）中取得，含高含量的脂肪酸及氧化穩定性，具滋潤皮膚和抗衰老作用，適用於皮體、唇部、頭髮、防晒和晒後護理等。	微黃乳白色軟固脂

項次	中文/英文名稱	INCI 名稱	熔點範圍(℃)	特性	外觀
5	乳木果脂-未精緻 Shea Butter	Organic Butyrospermumparkii（shea）butter	28-34	由非洲乳木果樹（Karite）的果實製成，未精緻乳木果油能保留更多營養物質如尿囊素、維生素A和E及不皂化脂質，具有強效保濕及修復皮膚效果。	微黃乳白色軟固脂
6	乳木果脂-精緻 Shea Butter Refined	Butyrospermum Parkii（Shea Butter）Fruit	28-34	乳木果油具良好滲透性，可改善乾燥、避免晒傷和潤色及提升皮膚抵禦功能。	深黃至黃綠色軟固脂
7	金盞花脂 Calendula Butter	Prunusamyg dalusdulcis（sweet almond）oil（and）hydrogenated-vegetable oil（and）calendula officinalis flower extract	40-50	提取自金盞花的脂質，並以甜杏仁油和氫化植物油為基礎而製成。含黃酮醇苷、三 寡糖苷、三 糖苷、皂苷和倍半 烯葡糖苷。適用於身體、臉部或嬰兒護膚護理，賦予皮膚滋潤及修護作用。	微黃乳白色軟固脂

項次	中文 / 英文名稱	INCI 名稱	熔點範圍（℃）	特性	外觀
8	洋甘菊脂 Chamomile Butter	Hydrogenated Vegetable Oil, Prunus Amygdalus Dulcis（Sweet Almond）Oil,Chamomilla Recutita（Matricaria）Flower Extract	40-50	提取自 Chamomilla recutita（德國洋甘菊），並以甜杏仁油和氫化植物油為基礎而製成。具有優雅香氣和膚感，適用於護膚產品作為修護、抗氧化、提升皮膚保護及滋潤功效等。	微黃乳白色軟固脂
9	荷荷巴脂 Jojoba Butter	Simmondsia Chinensis （Jojoba）Seed Oil	40-60	源自南加利福尼亞州、亞利桑那州和墨西哥西北部乾旱地區生長的荷荷巴（Simmondsia Chinensis）灌木的種子中提取，其作用可在皮膚和頭髮形成不黏膩的保護膜，減少水分散失，並達修復作用，改善皮膚皺紋及維持頭髮健康與彈潤。	黃色軟固脂
10	柳橙脂 Orange Butter	Prunus Amygdalus Dulcis（Sweet Almond）Oil（And）Citrus Aurantium Dulcis （Orange）Peel Oil Citrus Aurantium Dulcis（Orange）Peel Wax,Hydrogenated Vegetable Oil	40-50	含有檸檬烯及生物類黃酮具有抗炎和保護皮膚等益處，具清爽香氣，可以作為助乳化劑並提升穩定性及鋪展性。	橙色軟固體

項次	中文／英文名稱	INCI 名稱	熔點範圍（℃）	特性	外觀
11	酪梨脂-特殊精緻 Avocado Butter UltraRefined	Persea Gratissima（Avocado）Oil / Hydrogenated Vegetable Oil	40-50	源自亞熱帶地區生長的酪梨樹（Persea Gratissima）的果實，具有優異的滲透性及鋪展性，適用於護膚乳霜、乳液和肥皂產品，提升保濕性並改善皮膚粗糙乾燥現象。	微黃綠色軟固脂
12	橄欖脂 Olive Butter	Hydrogenated OliveOil（and）Olive Oil（Olea Europaea）（and）Olive OilUnsaponifiables	50-55	取自橄欖果實冷壓榨取之油脂，經精煉製得，富含豐富必需脂肪酸及不皂化物，適用於護膚、彩粧護理或肥皂提升保濕力。	微黃綠色固脂
13	檸檬脂 Lemon Butter	Prunus Amygdalus Dulcis（Sweet Almond）Oil（And）Citrus Medica Limonum（Lemon）Peel Oil,Citrus Medica Limonum（Lemon）Peel Wax（And）Hydrogenated Vegetable Oil	40-50	取自檸檬皮所獲得的油和蠟，將檸檬皮冷壓後經精製過程製成，檸檬油中含有檸檬烯具清除自由基，對皮膚有舒緩及修復作用或。檸檬蠟含有生物類黃酮（多酚）具有抗炎和提升皮膚保護作用。具有良好塗展性，適用於護膚、肥皂、唇膏、身體乳和防晒護理。	黃色軟固脂

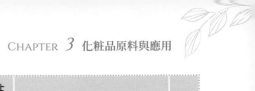

項次	中文 / 英文名稱	INCI 名稱	熔點範圍（℃）	特性	外觀
14	蠮果脂 Kokum Butter	GarciniaIndica Seed Butter	36-42	是從 Kokum 堅果提取製成，含有高達 85% 以上的脂肪酸為 C16（3.4 %），C18（67.4 %），C18：1（28.1 %），C18：2（0.6 %）和 C20（0.3%），適用於各種化粧品及肥皂中，提升皮膚屏障及助乳化穩定作用。	微黃乳白色軟固脂
15	蘆薈脂 Aloe Butter	Cocos Nucifera（Coconut）Oil/ Aloe Barbadensis Leaf Extract	33-36	源於非洲蘆薈（Aloe Barbadensis）植物，長期以來以藥用特性而聞名。低熔點與皮膚接觸時易融化，適用於護膚、肥皂、唇膏或身體乳，可 100%使用於皮膚。	微黃乳白色軟固脂
16	大豆脂 Soy Butter-Ultra Refined	Hydrogenated Soybean Oil	35-8	提取自大豆油經氫化製成，在皮膚上具有出色的塗展性，延緩皮膚老化，提升細胞間結合補充脂質屏障並防止水分流失避免乾燥。	微黃乳白色軟固脂

3. 礦物油蠟烴類

礦物油蠟烴類又稱為礦脂，主要源自天然石油副產物，為石油經精煉過程純化而得，屬 C_{15} 以上碳鍊組成飽和碳氫化合物，並依碳數分為 Cl5-20 為油（Oil，液態狀）；C21~30 為脂（Fat，半固態狀）；C30 以上為蠟（Wax，固態狀），由於價格便宜具安定性、熱穩定、無臭無味和不易變質或氧化等特性，因此廣泛應用於製藥、食品和化粧品中。類型包括白礦油或固態白礦蠟及凡士林皆屬非極性油脂，具有良好封閉性及低滲透性並賦予皮膚表面滋潤、潤滑、柔軟光滑性與厚實膚感，同時能防止皮膚水分流失，由於長期使用可能減緩皮膚天然再生能力，因此較適用於短期效果的抗皺原理產品，對於油性皮膚，仍可能因封閉性而造成毛孔阻塞因素，至於是否因使用礦脂而造成皮膚刺激性仍依精製、純度及質量而有所差異。（如表 3-4 所示）（碳氫化合物是由碳和氫兩種元素所組成的化合物，簡稱為烴。）

表 3-4　常用化粧品礦物油蠟類成分

項次	中文名稱；別稱	INCI 名稱	外觀
1	白礦油；白油 液態石；蠟油	Paraffin Oil,White Mineral Oil, Liquid Paraffin	無色澄清液體
	特性：由 310℃原油分餾煉製，Cl5-30 飽和碳烴組成，具厚實膚感，常作為化粧品油項基礎。		
2	凡士林	Vaseline、Petroleum Jelly	白色或微黃半透明膠體
	特性：由 C24-34 飽和碳烴組成，熔點接近體溫，在油中具良好分散性，塗抹於皮膚形成疏水膜屏障，並防止皮膚水分散失，廣泛作為化粧品油膏類基礎，可增加黏性與滋潤膚感。 熔點：35-50℃		
3	白礦蠟	Paraffin Wax, Paraffin	白色半透明固體塊或顆粒狀
	特性：質地較脆，以 C20-50 無支鏈的烷烴組成，廣泛應用於護膚或彩粧用品增加黏稠性及固化。 熔點：48–70℃		

項次	中文名稱；別稱	INCI 名稱	外觀
4	（氫化）微晶蠟	（Hydrogenated）Microcrystalline Wax	白色不透明固體塊 或顆粒狀
	特性：源自石油煉製過程經蒸餾、脫油和結晶而產生，以 C31-70 的支鏈飽和烴為主，呈無定型外觀，而結構比石蠟更柔韌具良好延展性及油脂相溶性，適用於唇膏保持產品穩定。 熔點：76-82℃		
5	天然地蠟	Ozokerite Wax	白色或黃色不固定固體狀
	精鍊地蠟	Ceresin Wax	
	特性：為石蠟與石油混合物，由 C24-34 飽和碳烴組成，適用於髮膚或彩粧產品。 熔點：66-110℃		

（二）合成油酯（Synthetic Esters）

　　酯類（Esters）的合成是由各種天然脂肪酸、礦物油、有機物或無機物經酯化反應（Esterification）加工合成所製得的油脂類型，合成油酯應用於不同的化粧品製劑中取決於幾個重要因素，例如化學結構極性、分子量、延展屬性、黏度、溶解度、接觸角和表面張力。合成酯具有良好冷熱穩定性，主要作為潤膚劑、改善觸感、延展性、安定性、滲透性、增溶劑或提升油脂極性間的互溶性，常作為化粧品油性基劑取代皮膚天然脂肪酯，能賦予皮膚輕質潤膚且不油膩膚感，由於屬於中或高極性及低分子量，因此可提升穿透性、良好穩定、創造低黏性、清爽及賦予平滑絲柔般的膚觸感，另一方面也有助於皮膚平滑與紋理改善等作用。

　　然而也可能因各種油脂特性或添加量過多而誘發皮膚刺激性或毛孔阻塞致粉刺性風險。常用的合成油脂原料可分為棕櫚酸、肉荳蔻酸酯類、辛酸 / 癸酸甘油酯類、角鯊烷、羊毛脂衍生物、脂肪醇、脂肪酸和聚硅氧烷等。（如表 3-5 所示）

表 3-5 化粧品常用合成油脂蠟類成分

項次	中文名稱 / 別稱	INCI 名稱	特性	外觀 / 分子量
1	棕櫚酸乙基己酯 / 棕櫚酸異辛酯 /2EHP	Ethylhexyl Palmitate	源自於植物和石油,與大多數溶劑或色素具相溶性,廣泛應用於護膚及彩粧產品製劑中,具穩定性及滲透性佳並賦予柔潤無油膩觸感,但有引發刺激、粉刺或暗沉的疑慮。	無色澄清液體 368
2	Cl2-15 苯甲酸烷基酯	Cl2-15Alkyl Benzoate	源自於化學合成,廣泛應用於護膚及彩粧產品製劑中,具良好親膚性,作為防晒溶解或色粉分散、香味穩定、膚覺修飾光滑、低油膩感或提升彩粧成分相溶性及產品外觀光澤。	無色澄清液體 290
3	辛酸 / 癸酸三酸甘油酯;辛癸酸甘油酯 /MCT60/40	Caprylic / Capric Triglyceride	源自椰子油衍生物,具有與天然油脂相似的結構,且較高極性及穩定性,作為取代植物油脂或基礎油使用。	無色澄清液體 387
4	鯨蠟硬脂醇乙基己酸酯;海鳥羽毛油	Cetyl Ethylhexanoate	源自椰子油,適用於各種護膚保養及彩粧產品製劑中,具滋潤調理及降低油膩感,賦予皮膚絲柔滑感。	無色澄清至淡黃色液體 368
5	碳酸二辛酯 /CETIOLCC	Dicaprylyl Carbonate	源自植物、合成或動物來源具有優異的鋪展性及賦予輕質無油膩膚感,適用於護膚彩粧產品並有助於防晒成分之分散。	無色澄清液體 286

項次	中文名稱 / 別稱	INCI 名稱	特性	外觀 / 分子量
6	油酸癸酯	Decyl Oleate	源自於動物脂或椰子油中提取癸醇和油酸製成，化學結構類似天然蠟酯，具穩定與低刺激性，於護膚或彩粧製劑中，賦予清爽不油膩的脂質觸感，可取代蓖麻油，提升產品的滋潤度與塗抹性，但仍有造成刺激、粉刺性可能。	無色澄清至淡黃色液體 422
7	二異硬脂醇蘋果酸酯	Diisostearyl Malate	源自於合成油脂，具有良好的潤膚厚實膚感，常用於彩粧產品製劑中，可提升色料分散力和表面的光澤（如口紅或唇彩），具有高極性與其他油脂相容度高，可作為替代蓖麻油使用。	無色澄清至淡黃色液體 639
8	異十八烷醇	Isostearyl Alcohol	源自於合成油脂，具清爽性柔絲膚感、易塗性，並降低油膩感，用於髮膚及彩粧產品柔軟作用。	無色澄清液體 270
9	異壬酸異壬酯	IsononylI-sononanoate	源自於石油，為透氣性酯類（蠶絲油）具低黏度、低極性、低刺激與清爽潤滑膚觸感，適用於護膚保養、防晒及彩粧產品中，具有良好的分散色粉能力及提升油脂間互溶性。	無色澄清液體 284
10	異硬脂酸鹽 / 異硬脂酸異丙酯	IsopropylI-sostearate	具低黏度與良好高透氣與滲透性，無油膩觸感，可取代 IPM 或 IPP。	無色澄清液體 326

項次	中文名稱/別稱	INCI 名稱	特性	外觀/分子量
11	肉荳蔻酸異丙酯/十四酸異丙酯/IPM	Isopropyl Myristate	源自於椰子油中取得肉荳蔻酸（十四酸）和異丙醇經酯化反應合成，可降低配方中含油量高的油膩感，廣泛應用於護膚及彩粧產品中，由於具良好滲透及柔軟性而有造成皮膚過敏、刺激及粉刺性可能。	無色澄清液體 270
12	油酸異癸酯	Isodecyl Oleate	具輕質無油膩潤膚感及鋪展性，滲透性佳和提升光澤，適用於髮膚及彩粧產品製劑中，添加過量易引起皮膚過敏、刺激或粉刺性可能。	無色澄清液體 422
13	十六酸異丙酯/棕櫚酸異丙酯（IPP）	Isopropyl Palmitate	源自棕櫚酸油、椰子油中取得棕櫚酸油脂經酯化反應合成，廣泛應用於護膚及彩粧產品製劑中，可取代 IPM 具清爽特性、良好滲透及柔軟性，然而有造成刺激、粉刺性可能。	無色或黃色澄清液體 298
14	辛基十二烷肉豆蔻酸酯	Octyldodecyl Myristate	源自於肉豆蔻酸經酯化之衍生物，具低刺激及低黏性，適用於保養或彩粧彩產品製劑中，具色粉分散力、提升滋潤無黏膩膚感和亮度光澤。	無色澄清液體 508
15	丙二醇二辛酸酯/二癸酸酯	Propylene Glycol Dicaprylate / Dicaprate	皮膚調理劑，使皮膚清爽潤滑和彈性，用於護膚、清潔、香水和彩粧產品製劑中，提升乳化安定性。	無色澄清液體 709

項次	中文名稱 / 別稱	INCI 名稱	特性	外觀 / 分子量
16	角鯊烷	Squalene	源自鯊魚抽出物或橄欖油，可減少 TEWL，增加細胞更新，並顯著減少細紋和皺紋。	無色澄清液體 422
17	聚乙二醇 / 羊毛脂衍生物	PEG-75 Lanolin	為羊毛脂之衍生物，包括羊毛醇、羊毛脂酸、純羊毛蠟及聚乙二醇（PEG）氫化羊毛脂等，具有良好的增稠、乳化及提升滋潤並賦予光澤等作用，廣泛用於各類化粧品如護膚及彩粧產品製劑中。	微黃至棕色蠟狀固體
18	硬脂酸甘油酯	Glycerylstearate	具低黏度、高滲透性和塗抹效果，應用於護膚、彩粧 O/W,W/O 配方中，具輔助乳化和增稠作用。	灰白色微粒或片狀 358
19	肉豆蔻酸肉豆蔻酯	Myristyl Myristate	為合成蠟，賦予乳化製劑更光滑的質感，同時提升潤膚、保濕和增稠作用，應用於護膚、彩粧口紅、護唇膏和睫毛膏等 O/W,W/O 配方中，具輔助乳化和增稠作用。	白色蠟質酯顆粒體 228
20	硬脂酸十八醇酯 硬酯醇	Stearylstearate	為合成蠟，賦予潤膚、保濕、乳化增稠作用，應用於護膚、彩粧口紅、護唇膏和睫毛膏等 O/W,W/O 配方中，具輔助乳化和增稠作用。	白色蠟質酯顆粒或粉末狀 270

項次	中文名稱／別稱	INCI 名稱	特性	外觀／分子量
21	合成蠟	Synthetic Wax	源自石油所產生的烴蠟，具乳化穩定、增黏及成膜性。	白色固體
22	合成巴西蠟	Paraffin（and）GlycolMontanate（and）SyntheticWax	由石油所產生的合成蠟，作為替代天然巴西蠟，廣泛應用於唇膏製劑，具乳化穩定、增黏、光澤及提升硬度與耐熱性。	微蠟酯粒狀 黃質顆粒狀
23	合成蜜蠟	SyntheticBeeswax	取代天然蜜蠟。	微蠟酯粒狀 黃質顆粒狀

（三）脂肪酸（Fatty Acid）

脂肪酸主要存在於動物性及植物性油脂中，化粧品主要為 C12 以上之飽和直鏈脂肪酸，碳數越小對皮膚刺激越高，可作為調節劑如輔助乳化分散劑、增稠劑、潤膚劑和清潔皂化等用途。（如表 3-6 所示）

表 3-6　常用化粧品脂肪酸類成分

項次	中文名稱（別稱）	INCI 名稱	特性	性狀
1	月桂酸（12 酸）	Lauric acid	＊ 源自椰子油和棕櫚油。 ＊ 具有 12 個碳原子鏈的飽和脂肪酸（C12：0）。 ＊ 主要用於製造肥皂和陰離子界面活性劑。 ＊ 與氫氧化鈉中和得到月桂酸鈉，製成液體皂或透明皂基。 ＊ 皂化值：277-283 ＊ 熔點：44°C	白色粉末或結晶狀

項次	中文名稱（別稱）	INCI 名稱	特性	性狀
2	肉荳蔻酸（14 酸）	Myristic acid	* 源自肉荳蔻油、棕櫚油或椰子油。 * 具有 14 個碳原子鏈的飽和脂肪酸（C14：0）。 * 主要作為界面活性劑用途，清潔劑、增稠劑和輔助乳化劑使用。 * 皂化值：244-248 * 熔點：52-54°C	白色粉末或片狀
3	棕櫚酸（16 酸）	Palmatic acid	* 源自棕櫚油。 * 具有 16 個碳原子鏈的飽和脂肪酸（C16：0）。 * 主要作為護膚輔助乳化劑、清潔劑和肥皂的界面活性劑成分。 * 皂化值：205-221 * 熔點：61-64°C	白色粉末或結晶狀
4	硬脂酸（18 酸）	Stearic acid	* 源自棕櫚油。 * 具有 18 個碳原子鏈的飽和脂肪酸（C18：0）。 * 主要作為護膚和肥皂製劑中的界面活性劑、輔助乳化劑、潤膚劑和增稠劑，有助於保持其他成分的穩定。 * 皂化值：390 * 熔點：68-70°C	無色至淺黃色液體
5	油酸	Oleic acid	* 主要源自植物脂肪（如橄欖油）。 * 具有 18 個碳脂肪酸（C18：1）。 * 為不飽和 ω-9 脂肪酸，可製作溫和的肥皂產品或護膚製劑中的潤膚劑和輔助乳化劑。 * 熔點：13-14°C	無色液體

（四）脂肪醇（Fatty alcohol）

　　脂肪醇為飽和直鏈脂肪醇，源自於天然植物如棕櫚油、椰子油脂肪酸或其他植物合成所製得，主要為 C12-C18 的脂肪醇是化粧品乳化

製劑中常用的主要成分，應用於護膚、護髮、防晒或清潔等製劑中作為助乳化劑及穩定泡沫等用途，有助於改善乳液和乳膏的黏度，使乳化劑型（W/O 或 O/W）中的油脂和液體成分間黏合在一起避免乳化分離，當作為增稠劑可改變製劑流變性並且增加厚實膚感，同時也作為活性劑的載體並提升含水量與潤膚性用途。（如表 3-7 所示）

表 3-7　常用化粧品脂肪醇類成分

項次	中文名稱別稱及碳數	INCI 名稱	特性	建議用量溶解性外觀
1	鯨蠟醇；棕櫚醇；16 醇；十六烷醇；1698（98%）；（C16）	Cetyl Alcohol	衍生自純天然的棕櫚油、椰子油脂肪醇或合成。作為潤膚劑、乳化劑或增稠劑及增加觸變性能使用。	1.0%~3.0%油溶性白色蠟狀固體顆粒或片狀
2	硬脂醇；18 醇；1898（98%）；（C18）	Stearyl Alcohol	為使用最廣泛的一種，助於鎖住皮膚的水分含量，並賦予產品和皮膚光滑柔軟膚感。具增稠（流變改性劑）與配方中的十六醇相比，硬脂醇提供最終產品更柔軟的質地，更白的外觀。	1.0%~3.0%油溶性白色蠟狀固體顆粒或片狀
3	鯨蠟硬脂醇；十六 / 十八醇；（C16-C18）；TA-1618	Cetearyl Alcoho	為鯨蠟醇（16 醇）和硬脂醇（18 醇）（30/70）的混合物，含較多十八醇，適作為洗劑中提高泡沫性能。用作（O/W）或（W/O）助乳化、增稠劑及潤膚劑，並降低黏膩感，保持配方中成分的穩定性、增稠劑及助滲透劑（載體），具提升皮膚水分或護髮使用。質地：PS-1618 提供更硬的助乳化性能。	1.0%~3.0%油溶性白色蠟狀固體顆粒或片狀

項次	中文名稱 別稱及碳數	INCI 名稱	特性	建議用量 溶解性 外觀
4	鯨蠟硬脂醇；十六／十八醇；（C16-C18）PS-1618	Cetearyl Alcoho	為鯨蠟醇（16 醇）和硬脂醇（18 醇）（70/30）的混合物，含較多 16 醇，適作為一般化粧護膚產品使用。 質地：會產生比 TA-1618 更柔軟的乳化劑型。 用作（O/W）或（W/O）助乳化、增稠劑及潤膚劑，並降低黏膩感，保持配方中成分的穩定性、增稠劑及助滲透劑（載體），具提升皮膚水分或護髮使用。	1.0%~3.0% 油溶性 白色蠟狀固體顆粒或片狀
5	山崳醇；22 醇（C22）	Behenyl Alcohol	衍生自菜籽油脂肪醇。 用作（O/W）或（W/O）助乳化、增稠劑及潤膚劑，並降低黏膩感，保持配方中成分的穩定性、增稠劑及助滲透劑（載體），具提升皮膚水分或護髮使用。	1.0%~3.0% 油溶性 白色蠟狀固體顆粒或片狀
6	月桂醇；十二烷醇	Lauryl Alcohol	衍生自純天然的棕櫚油、椰子油脂肪醇或合成，作為潤膚劑或表面活性劑。 與陰離子和陽離子表面活性劑相溶。	1.0%~3.0% 油溶性 淡黃澄清液體
7	油醇	Oleyl Alcohol	來自油酸；與其他酒精相比，它更加油膩。這種成分通常用於乾性皮膚乳液或超級肥皂。	1.0%~3.0% 油溶性 淡黃澄清液體

（五）聚硅氧烷類（Siloxane）

聚硅氧烷類又稱矽酮或矽油（Silicones）統稱為有機矽化合物，由於具有獨特的物理化學性質並且能夠產生各種複雜的聚合物類型，因而廣泛應用於醫療藥品、化粧品、塑化用品或食品等，目前市場上之聚硅氧烷及其衍生物約可達數百種以上，外觀為無色或淺黃色澄清至黏稠液體、膠體或顆粒固體等多樣性型態，依物性而言可分為親水或親脂性類型，其具有良好透氣性、分散性、耐熱性、耐寒性、耐光性、無味或帶有特殊氣味等揮發性或不揮發性特質，而依功能性而言能賦予皮膚極佳的滲透性、滑順性、潤澤皮膚、減少經皮水分流失並且能緩和紫外線對皮膚的傷害等保護作用，同時也作為提升製劑外觀及性狀如光澤度、清爽柔嫩感、延展度或創造不同的膚觸感等，而依安全性而言對於皮膚和眼睛黏膜屬低刺激性甚至無刺激性，因此廣泛應用於各式護膚產品製劑中如乳液、乳霜、眼霜、精華油或各類彩粧如粉底、修容、控油及防曬等。

另一方面也常應用於髮品製劑中如染膏、塑型造型品、洗髮、護髮或整髮產品製劑中，可賦予髮絲柔軟、創造光澤、滑順不糾結及防止水分流失等用途，雖然近幾年關於洗髮產品常以不含矽作為產品訴求，因而被多數消費者視為是造成頭皮問題之主因，然而值得省思的是相較於當護髮產品中若無添加矽成分，往往不被視為是理想的產品。由於聚硅氧烷類型眾多且對皮膚而言大多是安全的，應用於化粧品髮膚製劑中可依聚硅氧烷之親水或親脂性類型作為添加與應用。

常用的聚硅氧烷類型可分為聚二甲基矽氧烷、環甲基矽氧烷、氨基矽氧烷、聚醚聚矽氧烷共聚物等類型，且依其分子量、粒徑大小、形式和化學組分不同而決定不同的物理化學特性。（如表 3-8 所示）

表 3-8 常見化粧品矽油（硅氧烷）類型成分

項次	類型 / 別稱			
	INCI 名稱	應用	外觀	黏度 cSt. 25° C
	聚二甲基矽氧烷類（Dimethicone Types）			
1	Dimethicone	具不揮發性特質，能賦予產品外觀光澤及具絲綢般塗抹性與柔軟性膚感，並於皮膚上呈現輕質、光滑平整及不黏膩薄膜，依黏稠度不同而有更多應用與變化性，可降低表面張力使其能均勻分散調理效果。 當應用於頭髮時，形成保護膜，具護色作用，而在護膚配方中，於皮膚表面形成薄膜，具潤膚及鋪展性作用。 適用產品：護膚、頭髮護理、彩粧或防晒類等。 用量：2-10 以上 %	無色澄清至黏稠液體	流體通常分為低粘度 5-50 中黏度 50-1000 高黏度 60,000-100,000
	環二甲基矽氧烷（Cyclomethicone Types）			
2	Cyclotetrasil-oxane（D4）	指一系列環狀有機矽化合物，為揮發性矽流體（Volatile SiliconFluid）能夠在皮膚上產生瞬間的清爽性、不黏膩的滑潤性，具絲滑觸感、無刺激性效果，同時能降低表面張力，並助於其他物質滲透皮膚，以及可以用作揮發性載體並助於改善面霜和乳液的鋪展性，與多種化粧品成分具良好相溶性。 適用產品：護膚、頭髮護理、彩粧或防晒類等。 用量：2-5.0%	無色澄清液體	2.5
	Cyclopentasil-oxane（D5）			4.5
	Cyclohexasil-oxane（D6）			6.8

項次	類型 / 別稱			
	INCI 名稱	應用	外觀	黏度 cSt. 25° C
3	氨基矽氧烷類（AmodimethiconeTypes）			
	Amodi-methicone	Amodimethicone 為有機矽含有陽離子聚合物（聚季銨鹽 Polyquats/ 瓜爾豆膠 GuarGums），在聚二甲基矽氧烷骨架上含有氨基官能團，取代了一些甲基官能團。 氨基矽氧烷為水性系統（Aqueous systems）具有在水溶液中帶正電，產生無機陽離子聚合物之特性。大多應用包括頭髮護理，賦予健康的高度外觀光澤、柔軟和柔順，具改善乾濕梳理抗糾結。黏度 3000-4000 透明至半透明液體。 適用產品：頭髮護理類。 用量：2-5.0%	無色澄清液體	2,000
	Amodi-methicone（and）Cl2-14sec-Pareth-5（and）Cl2-14sec-Pareth-9		無色澄清微乳液	3,000
	Silicone Quaternium-16（and）Undeceth-11（and）Butyloctanol（and）Undeceth-5		澄清或半透明微黃液體	3000-4000
	Silicone Quaternium-8		清澈琥珀色液體	
4	矽氧烷交聯聚合物類（Silicone Crosspolymers Types）/ 有機矽彈性體類（Silicone Elastomer Gel Types）			
	Dimethicone（and）Cetearyl Dimethicone / Vinyl Dimethicone Crosspolymer	有機矽彈性體類型的 INCI 名稱通常包含交聯聚合物（Crosspolymer），其含有各種矽酮如環甲矽油或聚二甲基矽氧烷（Cyclomethicone or dimethicone），由於交聯結構決定聚合物性能，具有高交聯密度會增加交聯聚合物的硬度及韌性，市場上許多交聯聚合物類型如彈性體凝膠狀、粉末狀、乳劑或表面活性劑的外觀形式存在。 主要特性：具有獨特的感官特性能力及膚感改善劑與增稠性的彈性外觀並提供迅速吸收到皮膚的乾爽、不油膩及絲般光滑膚感。 適用產品：護膚、頭髮護理和彩粧或防晒類等。 用量：2-5.0%	透明無色膠體	250,000
	Cyclopentasil-oxane（and）Cetearyl Dimethicone/ Vinyl Dimethicone Crosspolymer			10,000-25,000
	Cyclopentasil-oxane & Dimethicone Vinyl Dimethicone Crosspolymer			15,000-30,000

項次	類型 / 別稱			
	INCI 名稱	應用	外觀	黏度 cSt. 25° C
	聚醚矽油界面活性劑類（Silicone Surfactants Types）/ 聚醚聚矽氧烷共聚物類（Dimethicone copolyol Types）			
	PEG-12 Dimethicone	PEG-12 聚二甲基矽氧烷 適用乳化系統 / 劑型：Emulsifier W/Si. 適用產品：為水溶性有機矽表面活性劑，適用於頭髮和皮膚護理如乳液、凝膠乳霜或洗髮精等。 用量：0.5-3%。 HLB 值：8 用量：2-5.0%	透明無色液體	150–400
5	PEG/PPG-18/18Dimethicone	適用乳化系統 \ 劑型：Emulsifier W/Si, Waterphase,Water,hydroalcoholicsystems. 適用產品：護膚、頭髮護理類等。 用 量：1-3.0%（Oil phase to emulsify/ Up to 30%） HLB 值：8 用量：2-5.0%	透明無色液體	2000
	Cyclopentasiloxane & PEG/PPG-18/18 Dimethicone	適用乳化系統 / 劑型：Emulsifier W/Si 適用產品：護膚、彩粧或防晒類等。 HLB 值：2 用量：2-5.0%	透明無色液體	30
	PEG-10Dimethicone	適用乳化系統 / 劑型：Emulsifier W/Si,W/Si+O,siliconephase 適用產品：護膚、頭髮護理、彩粧或防晒類等。 用 量：2-8.0%（Oil phase to emulsify/ Up to 30%） HLB 值：4.5 用量：2-5.0%	透明無色液體	850

項次	類型 / 別稱				
	INCI 名稱	應用		外觀	黏度 cSt. 25° C
5	CetylPEG/PPG-10/1Dimethicone	適用乳化系統 / 劑型：EmulsifierW/Si, W/Si+O 適用產品：護膚、彩粧或防晒類等。 用量：1.5-3.0%（Oil phase to emulsify/ Up to 30%） HLB 值：<5 用量：2-5.0%		微黃色透明液體	1500
	Dimethicone（and）Dimethicone / PEG-10/15 Crosspolymer	適用乳化系統 / 劑型：W/Si 適用產品：護膚、頭髮護理、彩粧或防晒類等。 用量：2-5.0%		半透明凝膠	130,000
	PEG-11Methyl Ether Dimethicone	適用乳化系統 / 劑型：Emulsifier W/Si, Water phase,Water,hydroalcoholic. 用量：1.5-5% 適用產品：頭髮護理或定型液，可製作出透明的配方。HLB 值：12 用量：2-5.0%		透明無色液體	120

3-2　賦形劑原料

　　賦形劑（Excipients）原料主要分為界面活性劑與高分子聚合物兩大類型，其在化粧品製劑中的應用主要是賦予劑型外觀形態如增稠、黏合、乳化、稀釋或成膜性，其目的是可以使製劑具穩定性、分散性、潤滑性、塗佈性或吸收性等作用，因此也常被作為製劑的主要成分。

　　由於賦形劑具有顯著的多種形態，為使製劑更為穩定，因此大多會以兩種以上之賦形劑作為組合應用於各種化粧品製劑中，另一方面其之間的不同交互作用對於製劑中的其他活性成分或物質具有影響性並也決定了該製劑的最終功效。

一、界面活性劑（Surface Active Agents（Surfactant））

　　界面活性劑又稱表面活性劑，為兩親性（Amphiphilic）分子的有機化合物，其分子為溶於水的極性親水基（Polar Hydrophilic）和溶於油的非極性疏水基（Non-Polar Hydrophobic）基團所構成，主要功用是降低原本互不相溶之兩液體成分彼此間的界面張力，使其彼此間能緊密結合。

　　而有關界面活性劑之特性與作用原理是由於親水基能進入水溶液中，而疏水基趨向離開水而伸向空氣中產生吸附作用，當低濃度界面活性劑在水溶液中溶解時，其分子呈分散和吸附在水表面，但隨界面活性劑濃度增加時，其分子一起形成球形聚集體，其中核心由疏水鏈（尾巴）向內集結，並且由極性親水端（頭基）朝外與水分子水合，而形成微胞（Micelle），即稱之為『臨界微胞濃度（Critical Micelle Concentration；CMC）』。（如圖 3-2 所示）

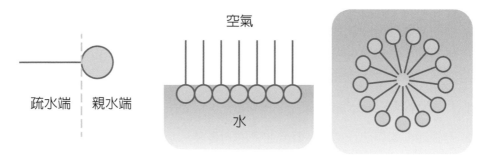

圖 3-2　A 界面活性劑的結構；B 低濃度界面活性劑吸附在水表面；C 界面活性劑達 CMC 濃度

　　由於界面活性劑結構兼具親水端與疏水端的特性，極性大的分子對水之溶解大，反之則越小，並且隨著界面活性劑之含量與油水之間的比例，其作用越為顯著，將油水之間的界面張力降低，使得各個成分能穩定結合共存，不會因外觀油水分離而感到變質，因此界面活性劑在化粧品製劑中可以作為清潔、起泡、滲透、溶解、乳化（黏合）、分散、懸浮及潤滑等。（如圖 3-3 所示）

① 界面活性劑的親油與油汙接合。

② 界面活性劑將油汙融合，使其離開皮膚表面。

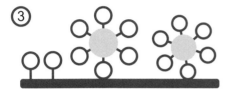

③ 界面活性劑的親水基將髒汙溶於水中。

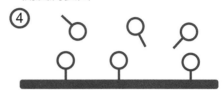

④ 殘留的界面活性劑，將會造成肌膚的負擔。

圖 3-3　界面活性劑的清潔作用原理

知識延伸

界面活性劑的清潔作用原理

　　界面活性劑的疏水端會附著於油汙表面，而另一端親水端則透過吸附性將油汙（自皮膚）帶離，並以附著在水面方式形成微胞，以降低汙垢的附著性，再藉由水沖洗時能順利達到清潔之目的。

1. 界面活性劑的疏水端附著於油汙表面。

2. 界面活性劑與油汙結合，降低油汙的附著性。

3. 界面活性劑親水基將油滴溶於水中。

4. 沖洗後，皮膚可能殘留的界面活性劑。

　　依界面活性劑可能造成皮膚的刺激順序為陽離子型＝陰離子型＞兩性陰離子型＞非離子型。

二、界面活性劑的分類與應用（Types and Applications of Surfactants）

界面活性劑是由 8 至 20 個碳原子所形成的非極性疏水性烴鍊和極性親水基團的結構。依水溶液中是否解離而分為離子型（Ionics）與非離子型（Non-ionics）界面活性劑，其中離子型界面活性劑是在水溶液中時可被解離，並依在水中其分子的水分末端上電荷的解離狀態而區分為陰離子型界面活性劑（Anionic Surfactants）、陽離子型界面活性劑（Cationic Surfactant）和兩性離子型界面活性劑（Amphoteric Surfactant）；而非離子型界面活性劑則是在水溶液中時不會被解離為不帶任何電荷，因而可將界面活性劑分為共四種類型：

（一）陰離子型界面活性劑（Anionic Surfactants）

界面活性劑的親水基團溶於水後，解離為帶負電荷的陰離子基團，如烷基（醚）硫酸鹽類（Alkyl（ether）sulfates）、烷基苯磺酸鹽（Alkyl benzene sulfonates）、磺基琥珀酸鹽類(Sulfo Succinat)、醯肌基胺酸鹽類(Sarcosinate) 和肥皂類（Soaps）。在化粧品中主要作為清潔和起泡用途，其主要作用是可將油汙或髒汙去除，因此廣泛應用於各式清潔產品製劑中，如洗髮、沐浴、衣物與洗碗液等。

其中陰離子型界面活性劑中又以硫酸鹽類包括十二烷基硫酸鈉（Sodium laury lsulfate,SLS）和月十二烷基醚硫酸鈉（Sodium lauryl ether sulfate,SLES），是最廣泛應用於如牙膏、漱口液、洗碗液、沐浴、洗髮及洗顏等各種清潔類製劑中，並依清潔劑的製造方式可分為非皂化合成清潔劑和皂化清潔劑：

1. 非皂化合成清潔劑

是以陰離子為主與兩性界面活性劑為輔或依不同配方比例結合非離子型，再添加其他特定成分混合製成，可以產生比肥皂更具溫和的清潔類產品。（如表 3-9 所示）

表 3-9 常見陰離子型界面活性劑成分

類型	中文名稱 INCI 名稱	應用
（醚）硫酸鹽類 Alkyl（Ether）Sulfates	十二烷基硫酸鈉 / 月桂基硫酸 （Sodium lauryl sulfate,SLS）	應用於牙膏、漱口液、沐浴或清洗劑中，由於易降低皮膚本身的防禦能力，引起皮膚炎和皮膚老化，因此適用於健康或油性皮膚。
	月桂基聚氧乙烯醚硫酸鈉 （Sodium laureth Sulfate,SLES）； 十二烷基醚硫酸鈉 （Sodium lauryl ether sulfate,SLES）； 月桂基聚氧乙烯醚 -2 硫酸鈉 （Sodium laureth-2 Sulfate）； 十三烷基硫酸鈉 （Sodium Trideceth Sulfate,SLS,SLES）	對皮膚和眼部黏膜的刺激性略低於 SLS。 由於清潔能力強，生產成本低廉，因此常被製造商廣泛應用於各式清潔製劑中。
	月桂基硫酸銨 （Ammonium Lauryl Sulfate,ALS）	應用於洗髮精、沐浴產品、餐洗劑或清洗劑中。
醯基磺酸鹽類 Alkyl Sulfonate	椰油基羥乙基磺酸鈉 Sodium Cocoyl Isethionate	源自椰子的溫和表面活性劑，適用於嬰兒或各種清潔產品中，提供緊繃或乾燥的良好柔軟觸感。
磺基琥珀酸鹽類 Sulfo Succinate	月桂基磺基琥珀酸二鈉 （Disodium laurethsul-fosuccinate）； 月桂 磺基琥珀酸二鈉 （Disodium lauramido MEA-sulfosuccinate）	具有優異的發泡能力，具助泡能力，常應用於洗髮或沐浴產品中，而較少作為面部清潔劑的主要成分。
	月桂醇醚琥珀酸二鈉 （Disodium laureth Sulfosuccinate）	溫和低刺激性。

類型	中文名稱 INCI 名稱	應用
醯肌胺酸鹽類 Sarcosinate	椰油　肌氨酸鹽 （Sodiumcocoy- lsarcosinate）； 月桂基肌氨酸鹽 （Sodiumlaury-lsarcosinate）	
麩醯胺酸鹽類 又稱谷氨醯胺 Glutamine	椰油醯谷氨酸鈉 （Sodium Lauroyl Glutamate,SLG）； 月桂醯谷氨酸鈉 （Sodium cocoyl glutamate）； L-GluyamicAcid； N-Cocoacylderivs； Monosodium Cocoyl Glutamate	氨基酸陰離子界面活性劑，具溫和的清潔能力，經常與其他界面活性劑結合，應用於各類洗劑產品中，可緩減 SELS 所造成之刺激，並提升皮膚或頭髮柔軟、保濕和潤澤感。
	椰油醯谷氨酸二鈉 Disodium Cocoyl Glutamate	
	椰油醯谷氨酸鹽 SodiumN Cocoyl Glutamate TEA	
	椰油醯基甘氨酸鉀 Potassium Cocoyl Glycinate	
	椰油醯基丙氨酸三乙醇胺 TEA-Cocoyl Alaninate	
	椰油醯基丙氨酸鈉 Sodium Cocoyl Alaninate	

月桂（Lauroyl）；谷氨酸（Glutamate）；甘氨酸（Glycinate）；椰油醯（Cocoyl）；丙氨酸（Alaninate）

2. 肥皂清潔劑

肥皂是人類歷史上最古老的護理產品之一，透過將植物或動物油脂（即甘油三酯）與鹼性成分如氫氧化鈉又稱苛性鈉（NaOh）或氫氧化鉀又稱苛性鉀（KOH）和水混合後，所得到的脂肪酸鈉／鉀鹽和甘油反應而製成，稱之為皂化反應（Saponification），其中鹼性成分在製皂過程中最為關鍵，使肥皂清潔劑具有很高的 pH 值約 9.0~10.5。而依肥皂的製作方式不同，又可分為固體肥皂和液體肥皂兩類（如表 3-10 所示）。

表 3-10　肥皂清潔劑型態

皂化反應（Saponification）：		
油脂（或脂肪酸）+ 鹼液（Naoh 或 KOH+ 水混合）→ 進行水解反應 = 脂肪酸鉀鹽或鈉鹽與甘油（丙三醇）→ 肥皂		
類型	種類	製程
固體肥皂	MP 皂 Melt Process	以（化學）皂基「再度融化」並加入香料或訴求成分後，再重新入膜後所製成，常見的一般皂基分為：透明皂基、不透明（白）皂基，無須熟成即可使用。
	CP 皂 （冷製法） Cold Process	以油脂和「氫氧化鈉（Naoh）」等，混合攪拌而產生皂化作用，製作完成後需存放約 4~6 周待皂化熟成後，才可使用（目的為使 pH 值下降至約 pH8 左右）。
液體肥皂		油脂和「氫氧化鉀（KOH）」混合攪拌而產生皂化作用，呈現固狀的皂糊型態，再加入水稀釋而得。

隨著人們對於天然製品的概念盛行，且基於手工肥皂製品原料大多採天然油脂製成，可作為取代合成清潔製品，因此廣受市場好評，然而值得注意的是其中所含的鹼性成分，是造成肥皂具有比合成清潔製品更高的 pH 值，也是導致某些皮膚乾燥、過敏或刺激性發生的可能因素。

因此欲製作一款符合膚質的手工皂，首先除了認識各種油脂的特性外，對於配方的設計及製作程序更需要有進一步的了解，其中 INS 值（Iodine Number Saponification Value）是作為製作手工皂熟成後的軟硬度和鹼性成分的安全比例應用參考值，INS 值的計算是依據皂化價減碘價（平均值）所獲得的數值，INS 值愈高相對皂化價愈高，而碘價則越低，軟油和硬油的鑑定可依據油酯的飽和度或熔點作為指標，理想的 INS 值範圍為 140 ～ 170，並依據配方中的各種油脂計算其 INS 值的總量。（如表 4-12,13 所示）

而製作液體肥皂時所需使用的 KOH 即為皂化價，而製作 CP 固體肥皂時所需使用的 NaOh 是透過皂化價（KOH）換算而取得 NaOh 的添加比值，計算公式為：（如表 3-11、3-12 及 3-13 所示）

皂化價（KOH）$\times$ 40 ／ 56.1 ／ 1000 ＝ NaOH（g）

表 3-11　INS 之計算公式

INS 之計算公式
配方中含 A,B,C 三種油酯（g）
（A 油酯／配方總油脂）$\times$ A 油脂的 INS 值
+（B 油脂／配方總油脂）$\times$ B 油脂的 INS 值
+（C 油脂／配方總油脂）$\times$ C 油脂的 INS 值
＝ 配方 INS 值總量

表 3-12　NaOh 之計算公式

NaOh 之計算公式
NaOh（g）
A（油酯）$\times$ A（NaOh）
+B（油酯）$\times$ B（NaOh）
+C（油酯）$\times$ C（NaOh）
＝ 配方 NaOh 總量

表 3-13　三種水量之計算公式

三種水量之計算公式
PureWater
1.（配方 NaOh 總量／ 0.3）- 配方 NaOh 總量
2. 配方 NaOh 總量$\times$ 2.6 或 2.8
3. 配方總油脂$\times$ 0.389

（二）陽離子型界面活性劑（Cationic Surfactants）

陽離子型界面活性劑在水溶液中，其親水基團帶正電荷，可緩和負電，從而產生潤滑、柔軟及抗靜電效果，主要在化粧品製劑中作為護髮素或衣物柔軟精的基本成分，賦予柔軟、潤溼、抗靜電和殺菌等作用。（如表 3-14 所示）

表 3-14　常見陽離子界面活性劑成分

類型	中文名稱 /INCI 名稱	應用 / 用量
瓜爾類 Guar	瓜爾羥基丙基三甲基氯化銨 Guar Hydroxypropy-ltrimonium Chloride	陽離子型瓜爾膠與陰離子表面活性劑具相容性，常添加於洗髮產品中並有助稠作用，可改善頭髮乾濕梳理性。 用量：0.3-0.5%
聚季銨鹽類 Polyquaternium	聚季銨鹽 7；10；52；55 Polyquaternium7；Polyquaternium-10；Quaternium-52；Polyquaternium55	應用於頭髮護理或塑型產品中，如潤絲、護髮素或泡沫慕絲和織物柔軟劑，具防靜電作用，使頭髮柔軟、潤滑、提升光澤和韌性。 用量：4.0-10.0%
	十六烷基三甲基氯化銨 Cetrimonium Chloride（CTAC）	應用於頭髮護理或塑型產品，如潤絲和護髮素中。 用量：3.0-6.0% 作為防腐劑使用：0.1% 以下

（三）兩性離子型界面活性劑（Amphoteric Surfactants）

兩性型界面活性劑在水溶液中，其親水基團同時帶負和正電荷即鹼性陰離子基團及酸性陽離子基團，最終電荷取決於其所處的 pH 值。在化粧品製劑中的應用可作為溫和與低刺激性的低泡沫洗髮或清潔產品，同時也具有潤溼、抗靜電、殺菌、泡沫穩定、改善調理及減少皮膚刺激等作用，常與其他界面活性劑混和於製劑中有助於增加稠度及助泡。兩性界面活性劑的分類，可依其陰離子羧酸（Carboxylic Acid）、

硫酸（Sulfuric Acid）或磷酸（Phosphoric Acid）結構分類，由於易於混淆，因此主要依其陽離子結構作為分類，如咪唑啉（Imidazoline）、胺鹽（Aminesalt）和季銨鹽（Quaternary Ammonium）。（如表 3-15 所示）

表 3-15　常見兩性離子型界面活性劑成分

類型	中文名稱 INCI 名稱	特性介紹
甜菜鹼	椰油基甜菜鹼 （Coco-Betaine, Betaine）	其中以椰油基甜菜鹼最為常用，為椰油烷基二甲基甜菜鹼（Betaines, cocoalkyldimethyl），具溫和清潔，適用於溫和洗髮、沐浴、洗面或洗手等產品中。
	椰油醯丙基甜菜鹼 （Cocamidopropyl Betaine）	
	月桂二乙酸二鈉 / 月桂基醯兩性醋酸鈉 （Disodium Lauroamphodiacetate）	

（四）非離子型界面活性劑（Non-ionicSurfactants）

為親水基團在水溶液中不帶任何電荷，於化粧品製劑中的應用主要作為乳化劑、增稠劑、增溶劑（可溶化劑）和調理成分用途。（如表 3-16 所示）

表 3-16　常見非離子型增稠劑、增溶劑和乳化劑成分

項次	中 / 英文名稱 INCI 名稱	外觀 25° C/ 用量
1	烷基聚葡萄糖苷 Alkyl polyglucoside, APG	白色或透明黏稠糊狀膏體 用量：5-10%（或更高）
	是由植物椰子油、棕梠樹取得脂肪醇和玉米及小麥中的澱粉水解而成之葡萄糖苷，具有優異的去汙力和起泡能力，與其他界面活性劑具有良好配伍性，並有協同增稠和助泡效果，屬極溫和低刺激性的非離子界面活性劑，可降低洗劑配方系統的刺激性，因此適用於各種溫和洗劑如嬰兒清潔、濕紙巾、臉部、洗髮或沐浴等製劑中。	

項次	中 / 英文名稱 INCI 名稱		外觀 25° C/ 用量
2	椰油酸二乙醇醯胺 Cocamide DEA		淡黃至琥珀色透明粘稠液體或薄片固體 用量：1.5-5.0%（或更高）
	椰油酸二乙醇醯胺（含甘油） Cocamide DEA and Glycerin		
	椰油酸單乙醇醯胺 Cocamide MEA		
	油酸二乙醇醯胺 Oleamide DEA		
	由椰油與二乙醇胺（Diethanolamides）或單乙醇胺（Monoethanolamine）反應所獲得之脂肪酸（Fatty Acid）製成，廣泛應用於清潔產品中，具有乳化安定、穩定泡沫或黏度增稠，廣泛應用於洗髮、沐浴、洗碗或洗臉等產品中。		
3	氫化蓖麻油聚氧乙烯 -40 PEG-40 Hydrogenated Castor Oil	HLB 值 14	微黃色黏稠液體 用量：0.05-5.0%
	氫化蓖麻油聚氧乙烯 -60 PEG-60 Hydrogenated Castor Oil	HLB 值 16	
	為蓖麻油的聚乙二醇衍生物，具降低物質（油脂）的表面張力使能被乳化並溶解於水中，常作為油酯及香精油溶解用途。		
4	聚山梨醇酯 20（TWEEN 20） Polysorbate 20	HLB 值 16.7	黃色至琥珀色黏稠液體 用量：1.0-10%
	聚山梨醇酯 40（TWEEN 40） Polysorbate 40	HLB 值 15.6	
	聚山梨醇酯 60（TWEEN 60） Polysorbate60	HLB 值 14.9	
	聚山梨醇酯 80（TWEEN 80） Polysorbate80	HLB 值 15	
	Tween 系列界面活性劑是 Span 系列的衍生物，Tween 為親水性界面活性劑，可依不同程度溶於或分散於水中，廣泛應用於各類護理製劑中作為 O/W 助乳化劑及精油或香精油的增溶劑。		

1. 清潔劑（Cleansing Agent）

某些非離子型界面活性劑因具有類似於陰離子特性，且具有良好的耐硬水及較低的起泡能力，因此也可以作為黏度增稠、穩定泡沫、低泡沫或溫和清潔系統如嬰兒洗髮、沐浴、泡澡或洗碗精等製劑中，常見的成分如烷基聚葡萄糖苷（Alkyl polyglucoside, APG）以及由椰油經脂肪酸反應製成的椰油酸二乙醇醯胺（Cocamide DEA, MEA）等，常被應用於清潔製劑中調整黏度與增稠用途。

2. 增溶劑（Solubilizing Agent）

又稱為可溶化劑主要為降低物質（油脂）的表面張力使能被乳化並溶解於水中，例如添加油脂（香精油等）於化粧水或精華液等水類製劑中，為避免油脂與水分離，可添加具有更高 HLB（Hydrophile Lipophilic Balance）值的增溶劑，如 PEG 氫化蓖麻油（Hydrogenated Castor Oil）或聚山梨醇酯（TWEEN 系列）等。

3. 乳化劑（Emulsifiers）

化粧品中的乳化劑可分為陰離子型、陽離子型、兩性型及非離子型，其中以陰離子型用於偏鹼性溶液、陽離子型用於 pH 較低至中性溶液、兩性型則介於兩者之間，而非離子型則具有更寬廣的使用範圍，因此在化粧品製劑中所使用的乳化劑大多是以非離子界面活性劑為主。所謂乳化是指將兩者互不相溶的液體結合，例如油和水混和（oil and water mix）所必須運用的物質稱之為「乳化劑（Emulsifier）」。水為極性，油為非極性，透過乳化劑可降低親水性和親脂（油）性成分之間的表面張力之性能，提供良好的乳化性、分散性、溶解性、去汙性與載體功能等，依配方製劑中物質的極性與非極性比例並選擇適合的乳化劑分散混合後可使分子間彼此共存，形成穩定不分離的乳體（Emulsions）外觀如乳液（Lotions）或乳霜（Creams）型態，由於乳化類型眾多，脂項和水項及乳化劑三者取決於應用比例，是影響乳體配方穩定性甚至油水不分離的關鍵，因此藉由各種乳化劑的 HLB 值是

作為鑑定界面活性劑油和水之間的平衡，是製作良好乳體配方的一項參考依據。

　　HLB 值是對於非離子界面活性劑的親水性和親脂性分子之間的關係數值，依親水性和親脂性之強弱度限定在 0~20 之間的範圍高低平衡值，親水性界面活性劑具有較高的 HLB 值（大於 10），當 HLB 值越低（小於 10）則表示越親油，並分為兩種主要的基本乳化類型及聚矽氧烷（Silicones）與多重乳化（Double emulsion）所構成的乳體結構（如圖 3-4 所示）：

(1) 水包油（Oil-in-water,O/W）：油分散在水相中。

(2) 油包水（Water-inoil,W/O）：水分散在油相中。

(3) 矽包水（Water-in-silicone,W/S）：水分散在矽相中。

(4) 多重乳化（W/O/W or O/W/O）：水分散在油相中再分散在水相中；或分散在水相中後再分散在油相中。

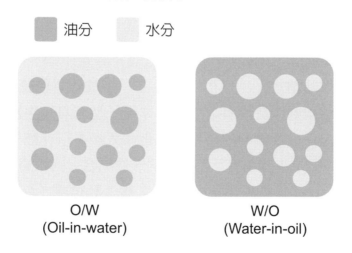

圖 3-4　乳化劑所構成的乳體結構類型

　　油包水型（W/O）的界面活性劑，具有較低 HLB 值，約為 4~6 範圍之間，呈現較顯著的滋潤感與厚實觸感，而水包油乳化劑型（O/W）則需要更高 HLB 的界面活性劑，約為 8~18 範圍之間，由於水為外相和

脂為內相於水相中形成微小的液滴，經皮膚水合作用後，可增加皮膚
角質層的含水量，而呈現較為清爽且濕潤觸感，也是化粧品乳體中最
常見的乳化類型。

　　無論是 W/O 或 O/W 仍然需要透過不同的乳化劑與不同極性油脂
類型的應用，以決定其不同的膚觸感與乳體外觀，化粧品之乳化製劑
中通常是由兩種以上的界面活性劑組合應用，其目的是為達到更寬廣
的相溶性並使配方更加穩定。（如表 3-17 所示）

表 3-17　常見化粧品非離子型增溶劑和乳化劑成分

項次	中文名稱	INCI 名稱	HLB	乳化類型	建議用量 %
1	山嵛醇醚 -25	Beheneth-25	15	O/W	1-4%
2	鯨蠟硬脂 15, 硬脂酸甘油酯	Ceteareth-15,Glyceryl Stearate	12	O/W	2-3%
3	鯨蠟硬脂 20	Ceteareth-20	15.5	O/W	1-3%
4	鯨蠟硬脂基葡糖苷	Cetearyl Glucoside	11	O/W	0.1-1.5%
5	鯨蠟硬脂基葡糖苷和橄欖油鯨蠟醇酯	Cetearyl Glucoside（and）Sorbitan Olivate	9.5	O/W	3-6%
6	硬脂酸甘油酯（GMSE）	Glyceryl stearate	5.8	O / W, W/O	1-4%
7	硬脂酸甘油酯（GMS）	Glyceryl stearate	6	O / W, W/O	2-5%
8	硬脂酸甘油酯, 鯨蠟硬脂醇, 硬脂酸, 月桂醯谷氨酸鈉	Glyceryl Stearate & Cetearyl Alcohol & Stearic Acid & Sodium Lauroyl Glutamate	9.5	O/W	2-8%
9	硬脂酸甘油酯, PEG-100 硬脂酸酯	Glyceryl Stearate,PEG-100 Stearate	11	O/W	1-5.0%
10	甘油硬脂酸酯, 异硬脂醇聚醚 -25, 鯨蠟醇聚醚 -20, 硬脂醇	Glyceryl Stearate,Steareth-25,Ceteth-20,StearylAlcohol	12	O/W	5-8%

項次	中文名稱	INCI 名稱	HLB	乳化類型	建議用量 %
11	乙二醇硬脂酸酯	Glycol Stearate	5-6	O/W	
12	甲基葡糖倍半硬脂酸酯	Methyl Glucose Sesquistearate	12	O/W	2.5-4%
13	脫水山梨糖醇單月桂酸酯 SPAN20	Sorbitan Laurate	8.6	O/W, W/O	
14	脫水山梨糖醇單油酸酯 SPAN80	Sorbitan oleate	3.7	W/O	2.0-1.5%
15	橄欖油鯨蠟醇酯	Sorbitan Olivate	4.7	W/O	3-6%
16	脫水山梨糖醇棕櫚酸酯 SPAN40	Sorbitan Palmitate	6.7	O/W	
17	脫水山梨糖醇硬脂酸鹽 SPAN60	Sorbitan Stearate	4.7	W/O	0.5-5%

三、高分子聚合物（Polymers）

聚合物具有各種型態如天然聚合物（Natural polymers）、合成聚合物（Synthetic polymers）、有機聚合物（Organic polymers）及矽氧烷（Silicones），賦予配方獨特性功能如提高黏度使製劑更加穩定的增稠劑、成膜劑、定型劑、流變調節劑、懸浮劑、助乳化劑、潤膚劑、改變製劑觸變性以及載體等保護屏障功能，因此廣泛應用在各種化粧品製劑中。

由於聚合物在化粧品製劑中的應用被視為重要核心成分，除了以脂質增稠（蠟、脂肪酸及脂肪醇）或離子增稠（鹽巴）外，基於不同的聚合物與多元性的化學結購類型而有不同的作用，並依不同製劑需求提供更多元的選擇，其中又以流變調節劑（Rheological Modifiers）和結合增稠劑（Thickeners）在配方中應用最為廣用，其目的有助於改變液體流變性與懸浮性使成分更為穩定而不易沉澱，同時透過聚合載體有利於活性成分釋出以及調整質地變化提供光滑及保濕的舒適觸感。（如表 3-18 所示）

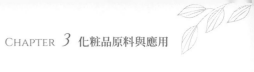

（一）高分子膠

　　高分子聚合物大多以水為基礎（Water based systems）而具有極大的分子量，由於高分子聚合物在水中具有吸水膨化特性可吸收大於自體重量的水分形成高分子膠狀型態，其分子中含有許多親水基團鍵結形成網狀結構而使物態改變，高分子聚合物應用於調整流變性，乃透過增加黏度使外觀流體的結構改變，即增稠或膠化形成半流動或固化體，故常稱為高分子膠或增稠劑，在配方中的應用隨添加量增加，稠度與黏度增高，同時也提升表面光澤及較厚實的保濕觸感，依類型大致可以區分為天然聚合物（動物或植物）、礦物聚合物、合成聚合物以及半合成聚合物。

表 3-18　常用化粧品液體增稠劑和凝膠聚合物成分

項次	中 / 英文名稱 INCI 名稱	性狀 / 應用
天然聚合物		
1	甲殼素（Chitin）\ 幾丁質 \ 殼聚醣 Chitosan	陰離子型多醣類，常應用於護膚保養。 外觀：米白色粉末狀。 用量：0.1-2.0%。
2	阿拉伯膠樹膠（和）黃原膠 / 三仙膠 Acacia Senegal Gum（and）Xanthan Gum.	陰離子型多醣類，應用於護膚保養或洗劑清潔製劑中。 外觀：米白色粉末狀。 用量：0.1-2.0%。
3	黃原膠 / 三仙膠 Xanthan Gum	陰離子型多醣類，應用於護膚保養或洗劑清潔製劑中。 外觀：米白色粉末狀。 用量：0.1-2.0%。
4	瓊脂（洋菜）Agar	多醣類，應用於護膚保養或清潔製劑中。 外觀：米白色粉末狀。 用量：0.1-2.0%。
合成聚合物		
1	甘油和聚丙烯酸甘油酯 Glycerin（and）Glyceryl Polyacrylate	護膚保養或清潔製劑中。 外觀：透明黏稠膠體。 用量：1.0-50.0%

項次	中 / 英文名稱 INCI 名稱	性狀 / 應用
2	卡波姆 Carbomer	護膚保養或清潔製劑中。 外觀：白色粉末狀。 pH 值：2.7-3.3（在 25℃ /0.5％溶液），與水混合和後需膨脹時間，再進行中和：添加無機鹼如 NaOH 或 KOH 或三乙醇胺（TEA），進行黏度調整 pH 至 >6.0 成凝膠結構。 其他類型依配方所需黏度（約 45,000-70,000cps）如 934、940、941、980、996 或 U10 等。 用量：0.2–2.0%。

半合成聚合物

纖維素（Cellulose）醚衍生物
如 CMC,MC,HPMC,HEC 等，也廣泛被應用於食品（級）或醫藥（級）製劑中，其中又以 HEC 在化粧品中最為常用。

項次	中 / 英文名稱	性狀 / 應用
1	羧甲基纖維素鈉 （Carboxymethyl Cellulose,CMC-Sodium） Cellulose Gum	陰離子聚合物，具耐鹽性和耐酸性，常應用於護膚保養或洗劑及牙膏等。 外觀：米白色顆粒粉末狀。 用量：0.1-1.0%。
2	甲基纖維素 （Methylcellulose,MC）	非離子型多醣類，應用於護膚保養或洗劑及牙膏等。 外觀：米白色顆粒粉末狀。 用量：0.1-1.0%。
3	羥丙基甲基纖維素 Hydroxypropyl-methylcellulose（HPMC）	
4	羥乙基纖維素（250HR/ HHR） Hydroxyethyl Cellulose（HEC）	非離子型多醣類，常應用於護膚保養或洗劑。 外觀：米白色顆粒粉末狀。 用量：0.2-1.0%。
5	羥乙基纖維素（250HR/ HHR） Hydroxyethyl Cellulose（HEC）	其他類型依配方所需黏度（1% 25°C 水中）： 250HR/1500-2500cps 250HHR/3400-5000cps

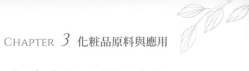

（二）聚乙二醇（Polyethylene Glycol,PEG）聚合物及其衍生物

聚乙二醇（Polyethylenes Glycol,PEGs）又稱為聚環氧乙烷或聚氧乙烯，廣泛應用於醫藥、化粧品或食品等用途。

聚乙二醇源自石油化合物由環氧乙烷（乙二醇）（Ethylene Oxide）與水或各種物質反應後，產生各種含有環氧乙烷的衍生物，例如 PEG 丙二醇（PEG propylene glycols）、PEG 脂肪酸（PEG fatty acids）、PEG 蓖麻油（PEG castor oils）或 PEG 酯（PEG ethers）等親水性非離子類型聚合物；應用於化粧品中作為界面活性劑如乳化劑、清潔劑、濕潤劑和皮膚調理劑等賦脂劑，且依聚合物鏈的分子量大小而呈現不同的外觀、溶解度、表面張力、黏度和熔點。（如表 3-19 及表 3-20 所示）

表 3-19　常用化粧品聚乙二醇聚合物及其衍生物成分

項次	中文名稱	INCI 名稱	性狀 / 應用
1	聚氧乙烯（8）月桂酸酯	PEG-8 Laurate	乳化劑 o/w HLB13 應用：護膚產品。
2	聚氧乙烯（8）油酸酯	PEG-8 Oleate	乳化劑 o/w HLB13 應用：護膚產品。
3	聚氧乙烯（7）甘油椰油酸酯	PEG-7 Glyceryl Cocoate	乳化劑 o/w HLB11 黏稠液體 應用：清潔（洗髮或沐浴）、卸粧和化粧水產品
4	聚氧乙烯（20）甘油醚三異硬脂酸	PEG-20 Glyceryl Triisostearate	乳化劑 o/w HLB 值 =8 黏稠液體 應用：卸粧和化粧水產品。
5	羊毛脂聚氧乙烯 -75	PEG-75 Lanolin	用於護膚、護髮和清潔產品潤膚劑，超級潤膚劑和保濕劑。

項次	中文名稱	INCI 名稱	性狀 / 應用
6	氫化蓖麻油聚氧乙烯 -40	PEG-40 Hydrogenated CastorOil	HLB 值 14 應用：香精增溶劑。
7	氫化蓖麻油聚氧乙烯 -60	PEG-60 Hydrogenated CastorOil	HLB 值 13.3 應用：香精增溶劑。
8	聚山梨酯 20；聚氧乙烯山梨醇單月桂酸酯（TWEEN 20）	Polysorbate 20	外觀：淡黃色黏稠液體。 HLB 值 16.7 應用：o/w，精油分散劑、增溶劑或助乳化劑。
9	聚山梨酯 40；聚氧乙烯山梨醇單棕櫚酸（TWEEN 40）	Polysorbate 40	外觀：淡黃色黏稠液體。 HLB 值 15.6。 應用：o/w，精油分散劑、增溶劑或助乳化劑。
10	聚山梨酯 60；聚氧乙烯山梨醇單硬脂酸酯（TWEEN60）	Polysorbate 60	外觀：淡黃色黏稠液體。 HLB 值 14.9。 應用：o/w，精油分散劑、增溶劑或助乳化劑。
11	聚山梨酯 80；聚氧乙烯山梨醇單油酸酯（TWEEN80）	Polysorbate 80	外觀：黃色黏稠液體。 HLB 值 15。 應用：o/w，精油分散劑、增溶劑或助乳化劑。
12	聚乙二醇 PEG6000DS	PEG（Polyethylene glycol）-150 Distearate	外觀：白色粉末狀。 用量：1.0–3.0%。 應用：於洗髮、沐浴或洗面乳清潔製劑中，作為潤滑增稠與助乳化作用。
13	聚乙二醇 PEG4000	PEG（Polyethylene glycol）-75	外觀：白色粉末或（蠟）片狀。 用量：1.0–3.0%。 應用：於洗髮、沐浴或洗面乳清潔製劑中，作為潤滑增稠與助乳化作用。

表 3-20　常用化粧品頭髮造型、定型與調理聚合物成分

項次	中文名稱	INCI 名稱	性狀 / 應用
合成聚合物 應用於頭髮化粧品中作為噴霧劑、髮膠、髮蠟、泡沫塑型、泡沫乳化穩定劑、成膜劑和固定劑。			
1	巴豆酸	VA/Crotonates Copolymer	水溶性細灰白色顆粒粉末狀。 用量：3.0–6.0%。
2	VA/ 巴豆酸酯 / 乙烯基新癸酸酯共聚物	VA/Crotonates/Vinyl Neodecanoate Copolymer	水溶性細顆粒灰白色粉末狀。 用量：1.0–5.0%。
3	乙烯基醋酸鹽和巴豆酸	VA/Crotonates Copolymer（and）Isopropyl Alcohol	水溶性細灰白色顆粒粉末狀。 用量：0.5–5.0%。
4	聚乙烯吡咯烷酮	Polyvinylpyrrolidone（PVP）	水溶性灰白色粉末狀。 依配方所需黏度（低至高）類型如 K-15,K-30,K-60,K-90,K-120 用量：6.0%-0.2%。
天然 / 半合成聚合物 瓜爾（豆）膠（Guar gum）和其他瓜爾膠衍生物，具有陰離子型、兩性離子型、陽離子型及非離子型衍生物，化粧品製劑中主要以陽離子瓜爾膠衍生物作為頭髮調理劑，由於與陰離子表面活性劑具有相溶性，因此常添加與洗髮製劑中，作為改善濕梳理性及抗靜電使用。			
1	瓜爾豆膠 - 非離子型	Cyamopsis Tetragonoloba（guar）gum	米白色粉末狀 。 適用於護膚（乳霜 / 乳液）、牙膏和頭髮乳化穩定劑。 用量：0.1% -2.0%。
2	瓜爾羥丙基氯化銨 - 陽離子型	Guarhydroxypropyl-trimonium chloride	米白色粉末狀。 適用於洗髮產品，作為柔軟、增稠、抗靜電及調理性能。 用量：0.3% -0.5%。

項次	中文名稱（簡稱）	INCI 名稱（簡稱）/ 別稱
4	甲基氯異噻唑啉酮（MCI）＋ 碘丙炔基丁基甲氨酸酯（IPBC）＋丙二醇（PG）之混和物（MCI+IPBC+PG 之混和物）	Methylisothiazolinone,Iodopropynylbutylcarbamate,Propyleneglycol（MTI）
5	甲基異噻唑啉酮（MI）＋甲基氯異噻唑啉酮（MCI）之混和物（MI+MCI（1:3））	Methylisothiazolinone,Methylchloroisothiazolinone（KathonCG）
有機酸（對羥基苯甲酸酯（尼泊金甲酯 ,Paraben））類型防腐劑		
1	對羥基苯甲酸甲酯（尼泊金甲酯）	Methylparaben（MP）
2	對羥基苯甲酸乙酯（尼泊金乙酯）	Ethylparaben（EP）
3	對羥基苯甲酸丙酯（尼泊金丙酯）	Propylparaben（PP）
4	對羥基苯甲酸丁酯（尼泊金丁酯）	Butylparaben（BP）
酚類型防腐劑		
1	苯氧乙醇	Phenoxyethanol（PE）
2	氯苯甘醚	Chlorphenesin/（3-（p-chlorophenoxy）-propane-1,2diol）（CPN）

除了上述各種常見化粧品防腐劑類型外，在化粧品製劑中的應用也常以乙二胺四乙基二鈉（Disodium EDTA,EDTA-2Na）又稱金屬離子螯合劑（Chelatingagents）作為偕同性防腐劑，是由於 EDTA-2Na 具有螯合製劑中可能含有的金屬離子，作為減少水中微生物生長所需的碳源，並促使防腐劑更易於進入微生物細胞當中而達到偕同防腐之目的。

知識延伸　化粧品製劑中的金屬離子

　　源於水質（製水過程）、生產設備與器具、原料或包裝中，當製劑中含過量的離子時，將影響製劑之穩定性如水解、崩離或微生物汙染的發生。

二、抗氧化劑（Antioxidants）

　　化粧品成分中添加抗氧化劑主要的用途可分為輔助性抗氧化劑及機能性抗氧化劑兩種，前者主要的用途是防止製劑中的某些物質如油脂或維他命 C 類成分可能因長時間儲存或接觸空氣所造成之氧化或酸敗以及避免化粧品中其他成分如蛋白質、脂質或美白劑因接觸光照與空氣所引起成分氧化降解，如導致酸敗、異味、褐化變色或其他不穩定性氧化等。而機能性抗氧化劑則是作為防止自由基所造成的皮膚氧化或老化、暗沉與細胞受損等（請參考機能性原料之抗氧化劑）。

　　常見的輔助性抗氧化劑如丁基羥基甲苯（Butylated hydroxytoluene,BHT）或丁基羥基茴香醚（Butylated hydroxyanisole,BHA），廣泛應用於化粧品和食品中作為抑制自由基反應，但由於近幾年被世界各國認為具有內分泌干擾或刺激性等爭議性，且對皮膚並無營養價值，因此目前大多會以維生素 E、維生素 C 抗壞血酸或取自天然植物多酚類以及植物萃取液中所含的抗氧化物質等作為取代，另一方面也提升產品的穩定性及訴求增加皮膚的防禦力、抗老化或美白等功用。（如表 3-22 所示）

表 3-22　常見化粧品輔助性抗氧化劑成分

項次	成分名稱	INCI 名稱	性狀 / 參考用量
1	丁基羥基甲苯	Butylatedhy-droxytoluene,BHT	脂溶性，白色至黃色結晶固體。用量：0.01% 至 0.1%。
2	丁基羥基茴香醚	Butylatedhy-droxyanisole,BHA	水溶性，白色結晶粉末。用量：0.01% 至 0.1%。
3	合成生育酚	Tocopheryl Acetate	脂溶性，無色或微黃澄清液體。

三、pH 值調節劑（pH Adjusters）

　　pH 值調節劑主要由酸或鹼作為緩衝或調節化粧品製劑最終 pH 值，目的為使產品維持安定性、穩定性、功能性及皮膚適應性，酸劑調節

常以檸檬酸作為降低製劑的 pH 值，而鹼劑除了提升 pH 值外，也作為製劑中特定成分的中和劑，例如增稠劑 Cabomer 與水完全融合後，pH 為弱酸性且外觀呈混濁流動液狀，然而當與鹼劑中和後（pH6）可達澄清透明膠體，另一方面作為主要或輔助乳化劑，例如當鹼劑與脂肪酸結合時，可將脂肪酸轉化為脂肪酸鹽形成皂化反應。（如表 3-23 所示）

表 3-23　化粧品常用酸鹼調節劑成分

項次	成分名稱	INCI 名稱	性狀 / 參考用量
1	檸檬酸	Citric Acid	親水性白色結晶顆粒 pH 值 2.2。 用量：0.05-1.0%。
2	三乙醇胺 85% 或 95%	Triethanolamine	親水性微黃澄清黏稠液體。 pH10-11（呈弱鹼）。 用量：0.05-1.0%。
3	氫氧化鈉 Naoh	Sodium Hydroxide	親水性白色片狀或顆粒狀。 pH>14。 用量：0.05-0.20%
4	氫氧化鉀（苛性鉀） KOH85% 或 90%	Potassium Hydroxide	親水性白色片狀或顆粒狀。 pH12-14（呈強鹼）。 用量：0.05-0.20%。

四、香料（Fragrance）

香料具揮發性並散發不同的氣味，添加於各種產品中，賦予產品獨特的香氣或作為掩飾其他成分之氣味，另一方面也可以傳達產品意涵、創造情緒、表達個人風格以及賦予人們健康及愉悅感受。因此在化粧品和個人護理產品中，透過添加宜人香氣往往被視為購買偏好的關鍵指標之一。

香料主要源自天然植物萃取精油或經由複雜化合物所構成的合成香精油，應用於各種不同的產品類型與功能，賦予更多的選擇性如香水、皮膚護理、頭髮護理、彩粧品、清潔用品、衣物柔軟或家用芳香劑等，其中又以植物精油應用於芳香療法中搭配薰香與按摩或與合成香精油結合作為香水，然而無論是天然或合成香料都有可能造成皮膚刺激性或過敏性發生，由於合成香料具有更多元與豐富的嗅覺層次感，因此成為化粧品製劑中的重要成分。

（一）香料的來源

香料的應用可源自於人們對植物益處的了解，將植物應用於食材或藥物作為維持健康、提味和營養的來源，並透過不同萃取方式取得植物精油並應用於醫學治療、心理、嗅覺、美容及芳香按摩療法中，而基於安全疑慮並以化學工業合成作為有效替代或補充物，以改善植物可能引起的副作用。香料可溶於酒精、乙醚和油脂類中，但不溶於水。

化粧品香料主要可區分為（天然）植物性香料、動物性香料和合成香料或結合天然與合成所製成的香料：

1. 植物性香料

取自存在於植物的各個部位，包括花、葉、莖、果實、樹根、樹幹、樹皮等部位，再經由蒸餾或冷壓等萃取方式所取得，具有源自植物獨特的香氣以及保留植物中所蘊含的有效物質，然而植物香料較可能受限於產地、氣候等因素而影響收成及外觀色澤，甚至也因來源或萃取方式而有品質或價格的差異性。

2. 動物性香料

取自於動物腺體分泌物所獲得，但基於現今全球對於動物保護或絕種等問題已較少採用。

3. 合成香料

　　主要為避免天然香料受限因素、取代天然或自然界中不存在的香料，透過合成方式產生各種調性氣味，賦予更多元與豐富的嗅覺體驗如香水調、花香調、海洋、草本植物、木質香調甚至於與生活飲食相關的果香、牛奶香以及有助於保留延長香氣的定香劑、麝香等，並以「香精」作為統稱。

（二）芳香療法（Aromatherapy）

　　芳香療法是以多種植物精油與油脂經調和後使用，故稱之為芳香精油或複方精油，作為薰香或按摩等用途，可調節或改善身體和心理健康方面之各項系統：例如淋巴、免疫、神經、循環和骨骼肌肉等，通常透過吸入或芳香按摩療法以手部技巧性的操作，藉由精油揮發性物質所產生的薰香氣味與各種精油的活性物質，並透過撫摸和摩擦接觸皮膚各部位，主要目的是刺激血液循環並緩解肌肉緊張，且基於專業知識與安全性的了解，選擇各種植物精油的應用與搭配基礎油引入身體按摩療法過程中，而稱之為芳香按摩療法，另一方面也將芳香精油應用於沐浴、頭皮按摩及室內噴霧薰香等皮膚保養中，可提供使用者生理和心理的舒適感。

　　基於芳香療法所使用精油，為避免刺激性或致敏性發生，需藉由專業判斷對於各種精油的特性與用途依膚質、使用方式及部位等調配適合的精油濃度，並依前調、中調及基調稀釋率為1：2：2或5：3：1等混和稀釋後使用。

（三）精油的化學成分（Chemical components of essential oils）

　　精油源自於天然芳香植物，每一種精油成分可由上百多種不同揮發性化合物所組成，其具有複雜的結構和化學性質，且植物間彼此存在共同的化合物，例如檸檬烯存在於大多數柑橘精油中。精油的組成

依化學物質主要可分為兩類不同的化合物為：萜烯（烴）碳氫化合物（Terpene hydrocarbons）及含氧化合物（Oxygenated compounds），萜烯烴是植物精油的主要成分為：單萜（Monoterpenes）、倍半萜（Sesquiterpene）及二萜烯（Diterpenes）是精油中最大類別的分子，其中富含萜烯的精油具有極高的揮發性，其次為含氧化合物類如：酚類（Phenols）、醛類（Aldehydes）、酮類（Ketones）、醇類（Alcohols、醚類（Ethers）、酸類（Acids）及酯類（Esters）。

除此之外仍有脂肪族化合物及硫化合物等，賦予精油各種芳香氣味，因此又稱為芳香族化合物，由於含有較強的生物活性而具有各種療效特性外，但也可能因接觸所造成的刺激或致敏的風險，依刺激性依序為酚類＞醛類＞酮類＞醇類＞醚類。（如表 3-24 所示）

表 3-24　植物精油中所含的化合物

精油化合物	中／英文名稱	介紹
萜烯（烴）碳氫化合物 Terpene-hydrocarbons	單萜烯 Monoterpenes	萜烯烴為精油中占最大類別的化合物，賦予精油具有極高的揮發性，也是構成精油最常見的化合物，主要具有抗炎、抗菌、促進循環、緩解疼痛和抗過敏性質，其他萜烯類包含二萜烯（Diterpenes）三萜（Triterpenes）及四萜（Tetraterpenes）。單萜烯：葡萄柚含有約 90% 單萜烯和其他柑橘類精油皆具有最高含量，然而可能因氧化而造成皮膚刺激或過敏，另外包含月桂烯（Myrcene）存在於馬鞭草和杜松中、蒎烯（Pinene）及松油烯（Terpinene）存在於茶樹中及檸檬烯（Limonene）存在於柑橘和薄荷中。
	倍半萜烯 Sesquiterpenes	倍半萜烯：分子量比單萜大，具較低揮發性，屬低刺激化合物，因此安全性較高，如雪松、檀香木、洋甘菊和沒藥含有最高量的倍半萜烯，以及存在於多數木質類植物中。
	二萜烯 Diterpenes	

精油化合物	中/英文名稱	介紹
含氧化合物 Oxygenated-compounds	氧化物 Oxides	具有促進呼吸暢通作用，主要存在於精油中含有桉樹腦（Eucalyptol）、芳樟醇氧化物（Linalool oxide）和蒎烯氧化物（Pinene oxide），如迷迭香、薄荷及百里香中。
	酚類 Phenols	負責精油的香氣，含有高含量的抗氧化性質以及防腐、抗菌及抗炎作用，可刺激神經和提升免疫系統，如丁香酚，存在於丁香、依蘭、肉桂、羅勒、香芹酚（廣藿香）、百里酚（百里香）中。 由於酚類具有較強刺激性，因此含有酚的精油應用於皮膚時應適量使用。
	酮類 Ketones	負責精油的香氣，緩解呼吸系統、癒合性質及細胞組織再生，如薄荷酮（Menthone）、香芹酮（Carvone），存在於迷迭香、薄荷及薰衣草中。
	酯類 Esters	負責精油的香氣，由酸與醇反應形成的化合物，含酯類較為溫和具有抗菌、鎮靜、安撫神經、舒緩和放鬆功能，如乙酸異丁酯（Iisobutyl acetate）存在於洋甘菊中、乙酸芳樟酯（Linalyl acetate）存在於薰衣草及鼠尾草中、乙酸薰衣草酯（Lavandulyl acetate）存在於薰衣草中、苯甲酸苄酯（Benzyl benzoate）存在於茉莉花和依蘭中及水楊酸甲酯（Methyl salicylate）存在於冬青中。
	酸類 Acids	含酸的精油有玫瑰、依蘭、天竺葵及香蜂草等，具消炎及鎮靜功能，其中又以純露（花水）中所含的酸類較為豐富。
	醛類 Aldehydes	由醇經氧化轉化為醛，負責精油的香味，具有較高的抗菌、抗炎、鎮靜以及緩解壓力和促進放鬆作用，但相對於對皮膚之刺激性較高，如肉桂醛、樟腦醛、檸檬醛或香茅醛。

精油化合物	中／英文名稱	介紹
含氧化合物 Oxygenated-compounds	醇類 Alcohols	是所有精油的主要成分，具抗氧化、提升免疫系統、安眠、舒緩、抗過敏、抗炎、防腐抗菌及恢復細胞功能特性。 其中含有萜烯醇（Terpene alcohols）之薄荷醇（Menthol）、橙花醇（Nerol）和芳樟醇（Linalool），存在於於常見的精油如茉莉花、柑橘、薰衣草及羅勒中，以及倍半萜烯醇（Sesquiterpene alcohols），如紅沒藥醇（Bisabolol）存在於洋甘菊精油中。
	醚類 Ethers	促進消化、刺激精神、提神及緩解呼吸道並維持健康，存在於常見的精油如茴香、羅勒及肉桂葉中。

（四）植物精油萃取方式（Essential Oil Extraction Methods）

精油取自於植物的各個部位，如花朵、花苞、葉子、樹脂、根莖、種子及果皮等，以物理和化學等萃取方式並藉由施加壓力和溫度而取得，精油的品質會因不同的萃取方式而影響其質量，因此依各種植物之類型及特性選用適合的萃取方法可區分為：

1. 蒸餾法（Distillation）

蒸餾法適用於低酯類植物，避免含酯類植物因熱水而使酯分解成醇（Alcohols）和羧酸（Carboxylic acids）。可分為水蒸餾（Water Distillation）及低熱蒸汽蒸餾（Low-Heat Steam Distillation）兩種方式。

2. 水蒸餾（Water Distillation）

水蒸餾是最原始的萃取方式，將植物材料完全浸入於水中進行煮沸，使植物中的芳香化合物質（油混合物）釋出，當蒸汽與油混合物通過冷凝管後經冷卻而呈液體，再被收集至分離器中而獲得水和油自然分離的純淨形式。（如圖 3-5 所示）

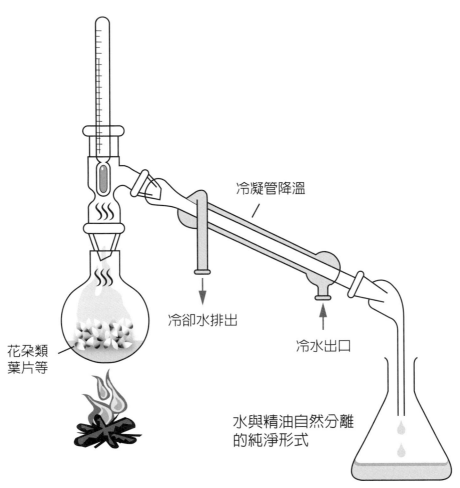

冷凝管降溫

冷卻水排出

冷水出口

花朵類
葉片等

水與精油自然分離
的純淨形式

圖 3-5 水蒸餾萃取精油過程

3. 低熱蒸汽蒸餾法（Low-Heat Steam Distillatio）

　　蒸汽蒸餾法是由水蒸餾法而得，也是蒸餾法中最為常用的方法，藉由掌握熱蒸汽（溫度約 90-100°C）、壓力及時間控制，透過蒸汽循環引入於植物中，使植物中的芳香化合物質 (油混合物) 釋出，當蒸汽與油混合物通過冷凝管後經冷卻而呈液體，再被收集至分離器中而獲得水和油自然分離的純淨形式，其中水即為花水，而油則為精油。（如圖 3-6 所示）

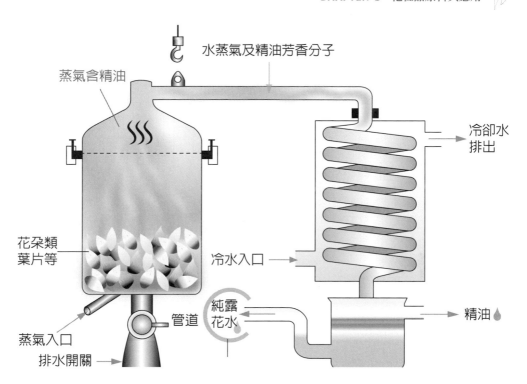

水蒸氣及精油芳香分子

蒸氣含精油

冷卻水
排出

花朵類
葉片等

冷水入口

純露
花水

精油

蒸氣入口

管道

排水開關

圖 3-6　低熱蒸汽蒸餾過程

4. 溶劑萃取（Solvent Extraction）

溶劑萃取法常用於較脆弱或不耐蒸汽蒸餾條件的植物，使用有機溶劑為石油溶劑戊烷（Pentane）或己烷（Hexane）以及醇類溶劑如甲醇（Methanol）或乙醇（Ethanol）浸泡及攪拌混合於已經物理壓碎的植物花卉中，由於溶劑具有極佳的滲透溶解性而釋出植物精油，並以過濾及低壓蒸餾過程將精油分離後再以真空蒸餾去除過量的溶劑（低於 25ppm 殘留），最終取得的芳香化合物、蠟脂或樹脂化合物類的各種純精油。（如圖 3-7 所示）

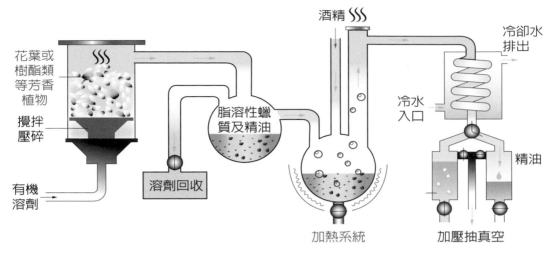

花葉或樹酯類等芳香植物

攪拌壓碎

有機溶劑

溶劑回收

脂溶性蠟質及精油

加熱系統

酒精 〰

冷水入口

冷卻水排出

精油

加壓抽真空

圖 3-7　溶劑萃取精油過程

5. 冷壓萃取（Cold-Press Extraction）

　　冷壓萃取方式主要是為確保油脂品質，常用於柑橘類精油如甜橙、檸檬、葡萄柚和佛手柑之果皮或植物油脂如荷荷芭油及橄欖油的萃取，依國際標準宣稱冷壓製程需符合低於 45℃，而烹飪類特級初榨橄欖油則不能超過 27℃，其萃取方式是將果實或果皮放置於具有鋼刺的不銹鋼板中，經由機械擠壓並研磨成糊狀，所釋出的精油引入分離器中收集，最後再透過離心方式過濾液體中的固體雜質而獲得。如柑橘皮或果核油等。（如圖 3-8 所示）

6. 花香脂吸法（Enfleurage）

　　脂吸法是最古老的精油提取方法之一，然而現今已顯少使用，其製作方式乃先將玻璃板（或器具）塗抹油脂或蠟脂後，並將新鮮花瓣或完整花朵壓置於油脂或蠟脂上方，放置約 1-3 天或數週後，待花瓣之香氣滲入油脂蠟中，再更換新鮮花瓣並重複該過程數次，持續使油脂蠟的香氣達到預期的飽和度後，再將其自玻璃板上刮下，置於乾淨的玻璃容器中並加入純度 95% 的酒精浸泡數週後，酒精會吸收油脂蠟中的香氣，再將醇及香氣自油脂中過濾分離而取得。（如圖 3-9 所示）

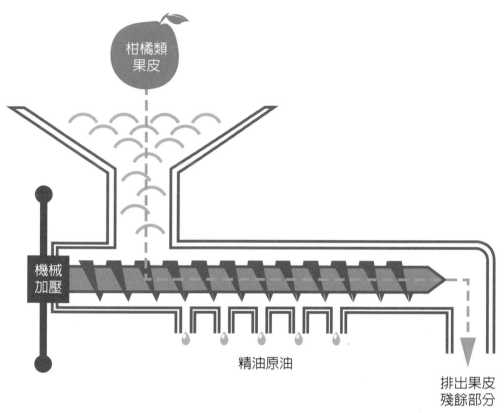

圖 3-8　冷壓提取精油過程

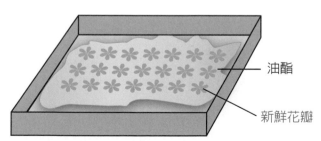

圖 3-9　花香脂吸法

7. 浸漬法（Maceration）

　　將植物浸泡於油或醇類中，經過持續浸泡數個月後，使植物中的物質釋出，再以過濾方式而獲得該植物提取物或樹脂化合物。（如圖 3-10 所示）

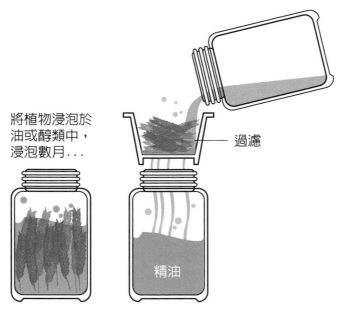

將植物浸泡於油或醇類中，浸泡數月...

過濾

精油

圖 3-10　浸漬法取得植物浸泡油

（五）精油的香味調性混和（Blending Of Fragrance NotesIn Essential Oils）

　　芳香療法中主要以兩種以上之植物精油，基於各種香料元素與香調決定其香味的揮發過程，因此依不同的植物香味及調性混和，作為香味來源或不同的特定功用，稱之為複方精油，而大多數香水則會混合合成香料以提升香味的多樣性及延長香味的滯留性，然而對於香味的嗅覺鑑賞仍基於人們對香味的主觀判斷而區分三種不同的主要嗅覺層次：（如圖 3-11 所示）

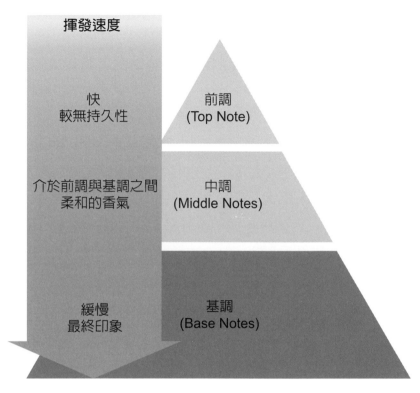

圖 3-11　香味金字塔

前調（Top Note）：具有輕質且較快的揮發速度，賦予對於香味的第一印象，然而香味較無持久性。

中調（Middle Notes）：介於前調揮發後與基調的初步鑑賞之間，中調的氣味有別於前調的立即顯現，通常需要幾秒或分鐘時間的表達，呈現較為柔和的嗅覺氣息。

基調（Base Notes）：當香味隨時間移動後所滯留的香味，展現出較為持久且沉厚的香氣，富有緩慢放鬆的性質，並作為使用者對於香味的最終印象。

（六）植物精油學名（Scientific Name Of Essential Oils）

相同植物屬，具有不同品種的植物物種而有著類似或不同的特定作用，為了避免使用上的混淆，因此透過拉丁學名並且以斜體標示作為鑑別不同植物種類，例如德國洋甘菊（German Chamomile）的拉丁學名為 *Matricariarecutita*，其外觀顏色為深藍色或綠色，香氣帶有土質和苦味，且富含倍半萜烯（Sesquiterpenes）和氧化物（Oxides）具有抗炎和皮膚修復作用，而羅馬洋甘菊（Roman Chamomile）的拉丁學名為 *Chamaemelumnobile*，具淡綠色或藍色外觀色澤，富含酯類（Esters）具鎮靜作用與帶有柔和果香氣味。

因此精油以植物來源命名，並以拉丁學名作為區分植物品種，分為屬及物種兩個部分作為辨識：（如表 3-25 所示）

屬（Genus）：為拉丁學名前者，並以第一個字母大寫示之，例如 "*Chamaemelum*" nobile.

物種（Species）：為拉丁學名後者，代表該植物物種特徵，並以小寫示之，例如 *Chamaemelum* "nobile".

表 3-25　常用植物精油（Essential oil）成分

項次	揮發速度	香調	精油名稱 中／英	拉丁學名	萃取法及採集部位
1	前調	木質調	茶樹 TeaTree	*Melaleuca alternifolia*	蒸餾法 葉子
2			尤加利 Eucalyptus	*Eucalyptus globulus*	蒸餾法 葉子及嫩枝
3			綠花白千層 Niaouli	*Melaleuca viridiflora*	蒸餾法 花、葉子及嫩枝

項次	揮發速度	香調	精油名稱中／英	拉丁學名	萃取法及採集部位
4	前調	柑橘調	甜橙 Orange	*Citrus sinensis*	冷壓榨 果皮
5			檸檬（香茅）草 Lemongrass	*Cymbopogon citratus*	蒸餾法 葉子
6			（檸檬）馬鞭草 Verbena	*Lippia citriodora*	蒸餾法 葉子及莖
7			佛手柑 Bergamot	*Citrus bergamia*	冷壓榨 果皮
8			葡萄柚 Grapefruit	*Citrus paradisi*	蒸餾法 果皮
9		辛香調	豆蔻 Cardamom	*Elettaria cardamomum*	蒸餾法 未成熟種籽
10			薑 Ginger	*Zingiber officinale*	蒸餾法 根部
11			蒔蘿 Dill	*Anethum graveolens*	蒸餾法 果實
12		香草調	迷迭香 Rosemary	*Rosmarinus officinal*	蒸餾法 葉子
13			茴香 Fennel	*Foeniculum vulgar*	蒸餾法 壓碎的種籽
14			鼠尾草 ClarySage	*Salvia sclarea*	蒸餾法 花朵及花苞
15			歐薄荷 Peppermint	*Mentha piperita*	蒸餾法 葉子及枝幹
16			羅勒 Basil	*Ocimum basilicum*	蒸餾法 葉子及花朵

項次	揮發速度	香調	精油名稱 中／英	拉丁學名	萃取法及採集部位
17		木質調	杜松莓 Juniper Berry	*Juniperus communis*	蒸餾法 成熟果實
18			松 Pine	*Pinus sylvestris*	蒸餾法 嫩針葉或毬果
19			花梨木 Rosewood	*Aniba rosaeaodora*	蒸餾法 木心
20			絲柏 Cypress	*Cupressus sempervirens*	蒸餾法 枝條或毬果
21	中調	辛香調	黑胡椒 BlackPepper	*Piper nigrum*	蒸餾法 成熟果實
22		香草調	百里香 Thyme	*Thymus vulgaris*	蒸餾法 花朵及葉子
23			馬鬱蘭 Marjoram	*Origanum majorana*	蒸餾法 花朵
24		花香調	天竺葵 Geranium	*Pelargonium graveolens*	蒸餾法 花朵及葉子
25			玫瑰 Rose	*Rosa damascena*	蒸餾法 花朵
26			茉莉 Jasmine	*Jasminum Grandiflorum*	脂吸或溶劑 花朵
27			（德國）洋甘菊 （German） Chamomile	*Matricaria recutita*	蒸餾法 花朵
28			薰衣草 Lavander	*Lavandula officinalis*	蒸餾法 花朵
29		柑橘調	（苦）橙花 Neroli	*Citrus Aurantium*	蒸餾法 苦橙樹的花瓣

項次	揮發速度	香調	精油名稱中／英	拉丁學名	萃取法及採集部位
30	基調	木質調	雪松 Cedarwood	*Cedrus deodara*	蒸餾法 樹皮或樹幹
31			檜木 Hinoki	*Chamaecyparis obtusa*	溶劑 木心
32			丁香 Clove	*Eugenia caryophylata*	蒸餾法 乾燥花苞和花蕾
33		辛香調	茴香 Fennel	*Foeniculum vulgare*	蒸餾法 種子
34			肉桂 Cinnamon	*Cinnamomum zeylanicum*	蒸餾法 樹皮及葉子
35			伊蘭 Ylang	*Cananga odorat*	蒸餾法 花朵
36		異國情調	岩蘭草 Vetiver	*Vetiveria zizanioides*	蒸餾法 葉子及根
37			廣藿香 Patchouli	*Pogostemon cablin*	蒸餾法 嫩葉及嫩枝
38			安息香 Benzoin	*Styrax benzoin*	溶劑 樹脂
39		樹脂調	乳香 Boswellia	*Boswellia carterii*	溶劑 樹脂
40			沒藥 Myrrh	*Commiphora myrrha*	溶劑 樹脂

參考：依不同精油來源會有不同的萃取方式。

（七）香水類型（Perfume Types）

　　香水的組成是由不同芳香族化合物精油或香精（大多以香精為主）依不同香味的揮發性與嗅覺鑑賞調性與濃度，將溶於酒精或溶解劑及水混和而製成，香料濃度較高表示含有較多香料和較少溶劑或水，相對於香味的持久性與留香性隨濃度越高保留時間越長，廣泛應用於各類皮膚保養品、頭髮用品、家用清潔與室內芳香用品等製劑中。

　　依香精的百分比含量將香水分為五種等級類型：（如圖 3-12 所示）

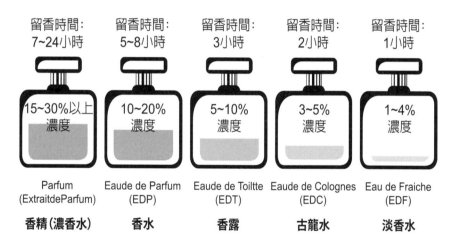

圖 3-12　香水的類型

知識延伸　香水

　　香水英文：Perfume 該一名詞源自於拉丁語：Perfumare，而法文：Parfum（Parfume），為香水的共通詞，並將 Extrait 或 Pure Perfume，代表濃度最高等級，依國際香水協會（International Fragrance Association,IFRA）表示，20% 是香水（Parfum）最常見的濃度，其次為 Eaude Parfum（EDP）等濃度類型，然而香水等級與香精濃度數值並無法精確，仍取決於不同芳香族化合物來源與配方濃度釋放出來的香味與留香性而有差異。

五、色素（Pigments）

化粧品中的色素可區分為有機色素（Organic Color）及無機色素（Inorganic Color），其中又以無機色素在彩粧類化粧品中應用最為廣泛，例如唇彩、眼影、粉底、蜜粉、眉筆、睫毛膏、染髮劑及指甲油等作為添加劑使用，而色素在世界各國中具有監管方式，乃基於某些相關色素類型具潛在性危害，例如准許用於化粧品用途之色素，用於接觸黏膜不被批准（如眼睛或口腔），且依據不同國家而有不同的允許規範，因此大多數色素在規範使用皆是符合安全性。

依美國聯邦法規（Codification of the rulespublished in the Federal Register,CFR）編纂，並於每年更新一次：

FD & C 色素：用於食品、藥物和化粧品。

D & C 色素：用於藥物和化粧品（限用於非接觸眼部周圍的外用藥品和化粧品）。

另一方面，色素成分通過認證時予以色素識別號碼，且命名採用FDA 之色彩指數（Color Index,CI）表示之，依我國衛生福利部公告，修正「化粧品色素成分使用限制表」並自中華民國 105 年 1 月 1 日施行，並依法定化粧品色素分為四類，說明如下：

1. 第 1 類： 所有化粧品均可使用（Colouring agents allowed in all cosmeticproducts）

2. 第 2 類：限用於非接觸眼部周圍之化粧品（Colouring agents allowed in all cosmetic products except those intended to be applied in the vicinity of the eyes）

3. 第 3 類： 限用於非接觸黏膜之化粧品（Colouring agents allowed exclusively in cosmetic productsi ntended not to come into contact with the mucous membranes）

第 4 類：限用於用後立即洗去之化粧品（Colouring agents allowed exclusively in cosmetic products intended to come into contact only briefly with the skin）

（一）有機色素（Organic Color）

源自於天然如植物性或合成來源，具有較小粒徑，顏色比無機色料更為鮮豔，屬水溶性或油溶性色料，有機色素常添加於含有水類產品製劑中。

（二）無機色素（Inorganic Pigments）

源自於自然界礦物或合成來源，大多以合成色素為化粧品中應用最為廣泛，常作為取代天然和有機色素，屬油溶性易於分散、外觀較不明亮與不透明，然而對光較為穩定及色澤穩定性，常用無機色素如下：

1. 氧化鐵（Iron Oxides）

包含三種基本色調為黑色、棕色、黃色和紅色彩，最廣泛添加使用於彩粧眼影中。

2. 群青（Ultramarines）

明亮的藍紫色、粉紅色和綠色彩 CI77013（Pigment Green 24 Ultramarine Green）適用於第 3 類。

3. 錳（Manganese）

賦予紫色彩，廣泛應用於所有化粧品中，包含接觸黏膜區域的產品，例如 CI77742（Magnesium Violet）適用於第 1 類。

4. 亞鐵氰化鐵（藍鐵）（Ferric Ferrocyanide,Iron Blue）

廣泛應用於所有化粧品中，包含接觸黏膜區域的產品賦予深藍色彩，例如 CI77510（Pigment Blue 27 Ferric Ferrocyanide）適用於第 1 類。

5. 氧化鉻（Chromium Oxide）

賦予綠色澤如橄欖綠、藍綠色或亮綠色彩，適用於大多數化粧品製劑，例如 CI77288（Pigment Green 17 Chromium Oxide）適用於第 1 類。

6. 彩色珠光雲母粉（Mica）

添加在各式化粧品製劑中，例如修飾彩粧、清潔和肥皂等，使產品具有透明或閃爍光澤等效果。例如 CI77019（Mica）適用於第 1 類。

7. 白色

廣泛應用於所有化粧品製劑中，例如二氧化鈦（Titanium Dioxide）和氧化鋅（Zinc Oxide），具有良好的遮蔽性及對熱和光極其穩定性，因此常作為防晒成分使用。

六、彩色珠光色素（Colored pearl pigment）

彩色珠光色素，外觀呈粉末狀又稱珠光粉，主要由雲母（Mica）所構成的各種色素，雲母源自於自然界礦物或合成來源，也最廣泛應用於彩粧化粧品製劑中，例如眼影、腮紅、唇彩、蜜粉及指甲油或洗髮、沐浴及肥皂等清潔產品製劑中。

化粧品雲母（天然或合成）是雲母經技術研磨成粗糙或精細程度，生產成不同粒徑（Particle Size）大小與比例的珠光組合使產品反射出如天然珍珠般光澤，賦予產品展現不同程度的陰影深淺、透明、柔和立體感、絢麗和閃爍色調等不同視覺效果，常見的珠光色素有：

（一）天然雲母彩色珠光色素（Natural Mica colored pearl pigment）

取自於天然礦物如層狀矽酸鹽（phyllosilicate）或含有二氧化矽（silica）岩石，具有較高閃度與無一致性的天然色澤如棕色、灰黑或米黃色等外觀，具較好的柔韌屬性。

（二）合成雲母彩色珠光色素（Synthetic Mica colored pearl pigment）

1. 合成雲母色素

INCI：Synthetic Fluorphlogopite，合成雲母是由氟化物經高溫結晶反應製成又稱為氟金雲母（Fluorophlogopite Mica）作為取代天然雲母，以各種色素塗覆於雲母片體上層所製成，例如 Mica：TiO2 比例 8：2,Mica（CI77019）,Titaniumdioxide（CI77891），具生物降解性、較低的雜質及無殘餘重金屬含量等優勢，相較於天然雲母可提供更具豐富性及一致性的色澤，依雲母彎曲和反射光線的能力與粒度（Particle Size）大小約 15~100 微米（Microns, μm）。

2. 玻璃鱗片彩色珠光（Glass flake colored pearl pigment）

INCI：Calcium Sodium Borosilicate 以硼矽酸鹽玻璃為基質，提供更高光澤度的色素，是由合成雲母粉塗覆硼矽酸鹽與各種金屬氧化物，例如氧化矽（Silicon oxide,SiO2）、氧化鋁（Aluminium oxide,Al2O3））、氧化鈣（Calcium oxide,CaO）、氧化鈉（Sodium oxide,Na2O）、氧化硼（Boron oxide,B2O3）、鈣鋁硼矽酸及二氧化鈦（Titanium oxide,TiO2）所構成的精細玻璃薄片，粒度約 35~150 μm，具有極高度光澤與透明感，可呈現如鑽石般的輝煌閃度。

（三）氯氧化鉍（Bismuth oxychloride）

為金屬鉍的衍生物，經合成方式所製成的油溶性灰白色結晶粉末。粒度（Particle Size）大小約 10-50μm。

具珍珠般的半透明柔和光澤感，透過對光的折射性可掩飾老化皮膚所造成的皺紋及黯沉，提供良好的附著性、持久性及柔滑觸感，也作為填充劑或提升懸浮性用途，添加於蜜粉、腮紅、粉底、眼影、唇膏和指甲油等產品中。

（四）有機珍珠（Organic Pearls）

取自於魚鱗所製成，具有明亮的珍珠或銀色光澤，但由於產量低以及價格昂貴，目前幾乎已由合成珠光色素所取代。

（五）珠光調理劑

外觀為白色至淡黃色片狀或蠟狀固體，作為乳濁劑、遮光劑和珠光劑，主要作為提升產品外觀用途並賦予產品珍珠般光澤，同時可作為 O/W 乳化系統的助乳化安定劑，由於與陰離子界面環境具相溶性，因此常添加於洗髮精、洗面乳、潤絲精、護髮霜、液態皂或較少用於各類乳霜、乳液和外用藥膏等製劑中。（如表 3-26 所示）

表 3-26　常見化粧品珠光調理劑成分

項次	中／英文名稱	應用
1	乙二醇硬脂酸酯（EGMS） （Ethylene）Glycol Stearate	需熱製，常添加於洗髮精、洗面乳、潤絲精、護髮霜、液態皂使用或較少用於各類乳霜、乳液和外用藥膏等，賦予產品珍珠般光澤。
2	乙二醇二硬脂酸酯 EGDS （Ethylene）Glycol Distearate	用量：3.0-6.0%

七、粉劑（Powders of composition in cosmetic）

常用化粧品的粉劑有二氧化鈦（Titanium Dioxide, TiO_2）、氧化鋅（Zinc Oxide,ZnO）、雲母（Mica）、滑石（Talc）、絹雲母（Sericite）、彭潤土或稱皂土（Bentonite）玉米粉（Cornstarch）、高分子聚合物微球粉體（Polymers Microspheres powder）等，粉劑在化粧品中的應用，主要作為滑動改質劑，並依不同粉劑之性質而有不同的作用，例如遮蔽性、吸收性（水分或油脂）、鋪（延）展性、附著性及填充劑與白色色素使用等，其中又可依其不同粒徑（Particle Size）大小與比例而呈現不同的透明度、遮蔽性與觸感等，其中又以二氧化鈦及氧化鋅除了具有良好的遮蔽性外，也是作為物理性防晒功能的主要成分。

粉劑是自然界植物、礦物經研磨或化學工業合成方式所製成，由於粉劑在製劑中是以分散形式呈白色懸浮液，並在靜置後產生沉澱情形，是基於各種粉劑晶型大小而使其在水或油中溶解度低，因此透過粉質改體技術可將粉體經表面處理性改，如改性矽烷包覆技術、結合三乙氧基辛基矽烷、二氧化矽或聚二甲基矽氧烷等，使粉體在配方中的應用具疏水性、防水性、持久性、分散性、穩定分散性及操作性，甚至透過製造技術將粉劑微米（micronized）化，使粉體粒徑更小，呈現較佳柔和度、透明度、低白感、親膚性、吸收附著性與更好的防晒性等。

製造良好的粉劑製劑，除了需了解各種粉劑的性質外，在製程中須藉由乳化、增稠、懸浮與黏合劑等成分之應用及透過粉劑的分篩、混合或加壓成型等程序才能開發出符合消費者所期待的產品。

（一）二氧化鈦（TiO2）

外觀為白色粉體，可分散於水或油中形成白色懸浮液，具高遮蔽性（僅次於氧化鋅）及透過反射和散射性方式達紫外線 UVA1、UVB 作用，因此常與氧化鋅作為物理性防晒劑。

（二）玉米粉（Corn Starch）

源於玉米或稱玉米澱粉，外觀呈白色粉末狀，常作為取代滑石粉用途，具吸收油脂、提升吸水性、成膜性、黏度或皮膚調理作用，賦予皮膚柔滑與乾爽觸感，也作為填充性粉體使體積增加具膨化作用，如蜜粉。

（三）竹炭粉（Amboo Charcoal）

將竹子經由加熱方式所製成的乾燥碳質有機物質，外觀呈黑色粉末狀且不溶於水，常應用於清潔產品、肥皂或面膜中，具吸附油脂作用並有助於老廢角質剝離使皮膚具光滑、柔軟與細膩，另一方面也作為天然黑色素使用。

（四）高嶺土（Kaolin）

又稱白陶土、高嶺石、煅燒高嶺土或瓷土，是由水合矽酸鋁（Hydrated aluminum silicate）所組成的微粒黏土，外觀呈灰白色粉末狀且不溶於水或可分散於水中，由於具遮蔽性及附著性有助於黏合，因此常添加在化粧品中作為填充劑或吸附油脂作用，例如面膜、沐浴粉、粉底或肥皂等產品中。

（五）雲母（Mica）

雲母為矽酸鹽結構，含有八面體複合鋁層的單斜晶體礦物，源自於自然界礦物或合成來源，具良好延展性與附著性，廣泛應用於彩粧類產品中。

（六）氧化鋅（ZnO）

外觀呈白色粉末狀，具有與二氧化鈦相似作用，分散於油中形成白色懸浮液，由於具良好遮蔽性、低刺激性、低過敏性、非致粉刺性、收斂性和舒緩保護等皮膚調理性能，同時具有廣譜防晒效能，UVA（320-400nm）和 UVB（280-320nm）光波，因此常與二氧化鈦作為物理性防晒成分。

（七）硬脂酸鎂（Magnesium Stearate）

外觀呈白色粉末狀，溶於油中，具膨化、增稠、延展、吸附油脂或防結塊作用，應用於彩粧產品中，例如粉底、口紅、眼影、睫毛膏等產品中。

（八）彭潤土（Bentonite）

外觀呈灰白色至棕黃色粉末狀，又稱皂土，由蒙脫石礦物（Montmorillonite）岩石和火山灰（Volcanicash）風化形成的天然黏土，主要成分為二氧化矽、鋁和各種離子元素（包括鈉、鎂、鈣、氧化鐵和鉀）所組成，具改變流變性質作為懸浮劑、吸附性、膨脹性、增稠劑、填充劑和黏合劑等，另一方面也具有提升產品穩定性、滑順感與吸收皮脂功能等，適用於各種護膚、護髮、粉餅、彩粧筆類、乳液、肥皂、敷膜和造型品等產品製劑中。

（九）氮化硼（Boron nitride）

外觀呈白色礦物粉末狀，具晶體結構賦予良好分散、較高的光散射性、附著性、吸收性及鋪展性，以提升粧持久性、皮膚光滑度與明亮度並創造絲滑觸感，常應用於彩粧類及護膚產品如粉餅、蜜粉、眼影、唇膏及爽身粉中。

（十）滑石（Talc）

外觀呈白色粉末狀，具片狀結構與不溶於水，含有少量矽酸鋁的水合矽酸鎂粉末，平均顆粒大小為 2.6~12μm，具吸收水分和油脂作用，使皮膚光澤平滑，在化粧中的應用如眼影、蜜粉、粉餅、腮紅、粉底液、嬰兒爽身粉、身體粉或除臭粉等。

*98.06.05 公告：化粧品及其滑石粉原料依國際間公認之檢驗方法，不得檢出石綿成分。

（十一）絹雲母（Sericite）

絹雲母具有與雲母和高嶺土相似的特徵，外觀為灰白色粉末狀，屬更細小之雲母具有絲質光澤，塗抹在皮膚上時具有良好的附著性（抗皮膚的油脂和汗水）、鋪展性、光滑質地和半透明的顏色，可賦予皮膚柔軟光滑觸感。

（十二）高分子聚合物微球粉體（Polymers Micro-spherespowder）

微球體是一種具有大分子質量的高分子聚合物（Polymers）所製成的高分子超細球狀粉體，球體可分散於水相或油相中並透過不同的包覆技術使粉體能具有更多元化的應用，如聚丙烯（Polypropylene,PP）、聚對苯二甲酸乙二醇酯（Polyethylene terephthalate,PET）、聚甲基丙烯酸甲酯（Polymethyl methacrylate,PMMA）和尼龍（Nylon,PA）等微球粉體。

應用於彩粧類產品中如口紅、睫毛膏、眼影、粉餅或蜜粉中，賦予良好的鋪展性及皮脂調控性，而當應用於護膚產品中，賦予產品保濕、延緩老化以及良好的光滑觸感等作用，例如尼龍-12（Nylon-12）結合透明質酸鈉（Sodium Hyaluronate），另一方面也作為充填性膨化劑以及塗抹於皮膚時產生"柔焦"效果功能，透過光學模糊作為掩飾、填補及緩和皮膚細紋或皺紋，使皮膚更顯光滑與細緻。

1. 二氧化矽（Silica,SiO$_2$）

Silica（Silicon Dioxide,SiO2）源自存在於天然礦物矽膠（矽石）或經由合成所製成的聚合物球形粉末，具有中空型和親水或親油性結構具高透度與光滑性的流動性粉體，可吸收皮膚汗水和油脂、賦予彩粧和護膚類產品光澤、延展性、持久性與柔滑性觸感等，另一方面也作為載體材料或提升皮膚保濕力，且依粒徑顆粒分布表現出優異的分散性並提升對於光的折射性，如柔焦及提升防晒輔助性效能。

2. 尼龍微球（Nylon Microsphere）

外觀為白色粉末狀，可作為填充劑和不透明劑，如粉底、蜜粉、粉餅或睫毛膏中，例如尼龍纖維應用於睫毛膏成分中作為增強睫毛長度或濃密效果。

3. 聚甲基丙稀酸甲酯微球體（PMMA Microspheres）

聚甲基丙稀酸甲酯（Polymethyl Methacrylate，簡稱 PMMA），外觀為白色粉末狀，屬高分子透明超細球形狀粉體，具有細滑流動性、無孔性或多孔性球體，多孔性球體具有良好吸附性或吸收皮膚的油脂，在化粧品中的應用可賦予乳劑和粉末天鵝絨般柔滑質地，有助於均勻分散、光滑度、潤滑性、著粧持久性、柔軟觸感與降低黏膩感。（如表 3-27 所示）

表 3-27　常用化粧品粉劑型態

項次	中文名稱	INCI 名稱	參考用量 %
1	二氧化鈦（TiO2）	Titanium Dioxide（CI77891）	0.1-25%（作為防晒之用途，總量不得超過 25%）
	二氧化鈦, 三乙氧基辛基矽烷	Titanium Dioxide（CI77891）（and）Trimenthoxycaprylylsilane	
	二氧化鈦, 碳酸二乙基己酯, 聚甘油 -6, 聚羥基硬脂酸酯	Titanium Dioxide,Diethylhexyl Carbonate,Polyglyceryl-6,Polyhydroxystearate	
	二氧化矽, 二氧化鈦	Silica & Titanium Dioxide	
	環戊矽氧烷, 二氧化鈦 ,PEG-10 聚二甲基矽氧烷 , 氧化鋁 , 甲基矽氧烷	Cyclopentasiloxane,Titanium Dioxide,PEG-10Dimethicone,Alumina,Methicone	
	二氧化鈦, 聚二甲基矽氧烷	Titaniumdioxide & Dimethicone	

項次	中文名稱	INCI 名稱	參考用量 %
2	玉米粉	Cornstarch	1.0-10%.
3	竹炭	Amboocharcoal	0.1-5.0%
4	高嶺土	Kaolin	3%-20%
5	雲母	Mica	1.0-10%.
	雲母 , 聚二甲基矽氧烷	Mica（and）Dimethicone	1.0-10%.
6	氧化鋅（ZnO）	Zinc Oxide（CI77947）	防晒 2.0~20.0%（作為收斂劑之用途，限量 10% 以下）
	氧化鋅 , 三乙氧基辛基矽烷	Zinc Oxide（and）Triethoxycaprylylsilane	
	氧化鋅 , 環戊矽氧烷 ,PEG-10 聚二甲基矽氧烷 , 三乙氧基辛基矽烷	Zinc Oxide （and）Cyclopentasiloxane（and）PEG-10 Dimethicone（and）Triethoxycaprylylsilane	
7	硬脂酸鎂	Magnesium Stearate	5-10%
8	彭潤土（皂土）	Bentonite	2.0%-20%
9	氮化硼	Boron nitride	2.0%-10%
	氮化硼 , 三乙氧基辛基矽烷	Boron nitrid（and）Triethoxycaprylylsilane	2.0%-10%
10	滑石 , 聚二甲基矽氧烷	Talc（and）Dimethicone	1.0-10%

項次	中文名稱	INCI 名稱	參考用量 %
11	絹雲母	Mica	1.0-10%.
12	二氧化矽	Silica	1.0-10%
	丙烯酸酯共聚物和二氧化矽	Acrylates Copolymer & Silica	
	HDI/ 三羥甲基已基內酯交聯聚合物 , 矽粉	HDI/Trimethylol Hexyllactone Crosspolymer&Silica	
	木棉花 , 二氧化矽 , 聚二甲基矽氧烷	Gossypium Herbaceum（Cotton）（and）Silica（and）Dimethicone	
	尼龍	Nylon	
	尼龍 -6, 二氧化矽	Nylon-6（and）Silica	
	尼龍 -6, 鐵氧化物（CI77499）, 三乙氧基辛基矽烷 , 二氧化矽	Nylon-6（and）CI77499（and）Triethoxycaprylylsilane（and）Silica	2.0-5.0%
	尼龍 -12. 乳酸	Nylon-12（and）Lactic Acid	
	尼龍 -12. 透明質酸鈉	Nylon-12（and）Sodium Hyaluronate	
	甲基丙烯酸甲酯交聯聚合物	Methyl Methacrylate Crosspolymer	1.0-15.0%
	聚甲基丙烯酸甲酯（PMMA）	Polymethyl methacrylate	1.0-15.0%

3-4 機能性原料

　　機能性原料主要作為提供皮膚所需的功能性物質，例如賦予皮膚高效能保濕性、明亮及淡化黑色素之美白劑、改善老化及暗沉之抗老化劑或抗氧化劑、防晒和各種植物萃（提）取等，提供皮膚多樣化與多元性等的保護物質，由於機能性原料是提供化粧品製劑中的效能、價值和訴求等，因此也常被作為行銷之訴求，甚至過度宣稱功效或誇大療效等。

一、水性保濕劑（Humectants）

　　水性保濕劑是化粧品製劑中使用最為廣泛的成分之一，由於保濕劑可提供相似於皮膚角質屏障中存在的天然保溼劑（NMF）如尿素、乳酸和透明質酸等，皮膚含有約 15 ～ 20% 水分，並維護皮膚細緻、水潤與富有彈性，更是影響角質層（SC）與經皮水分散失量（TEWL）的重要關鍵，然而隨著年齡老化或外在環境冷熱而降低，當皮膚角質層水分低於 10% 以下時，皮膚將會明顯感到乾燥、緊繃甚至脫屑等，為避免皮膚水分的不足因此水性保濕劑在化粧品製劑中的應用更顯得重要。

　　水性保濕劑具有結合水分子物質功能，此功能稱之為吸濕飽水能力（Water Holding Capacity），其作用除了透過吸收製劑中的水份作為提供皮膚所需水分以避免皮膚乾燥外，另一方面可吸收大氣中的水分子作為提升皮膚的濕潤性及增加水合能力，使皮膚能維持正常的代謝機能，然而隨著外在環境濕度將影響其保濕效果，例如當外在環境乾燥時，無法吸收大氣中的水分而使保濕效能降低，同時當皮膚角質中的含水量不足時，將可能吸附皮膚水分而顯得乾燥。

因此在水性保濕因子中以天然保濕因子（Natural Moisture Factor,NMF）如氨基酸、鹽、甘油和尿素以及位於細胞外間質的主要成分膠原蛋白和透明質酸是維持皮膚的彈性與保護結締組織的重要成分，可提供皮膚所需的保濕物質，另一方面選擇化粧品中相近於皮膚屏障的酯質成分，例如神經醯胺、脂肪酸、膽固醇以及脂質如甘油三酯、角鯊烯、脂肪酸、蠟和膽固醇酯，由於具閉鎖性質作用，因此具有防止皮膚水分散失，維持皮膚的潤膚性且當皮膚油水物質間平衡時，可使皮膚顯得飽滿與光澤，由於保濕劑更是影響角質層細胞正常代謝的重要關鍵相對也決定了皮膚 TEWL 與健康之程度。

（一）小分子多元醇保濕劑（Polyol Moisturizer）

小分子多元醇是最常使用的成分，由於價格較為低廉，對於皮膚大多具有程度上防止水分流失的機制，因而被廣泛使用，其主要作用是透過補充保持皮膚結合水分子物質能力，防止皮膚的天然水分流失，由於分子小具極佳滲透力，除了可以提升保濕感也作為助滲透、助溶劑或抗微生物特性用，但隨著長期使用或添加量可能對皮膚造成刺激敏感。（如表 3-28 所示）

表 3-28　化粧品小分子多元醇類保濕劑

項次	中文名稱	INCI 名稱	外觀及特性
1	丙三醇；甘油	Glycerin / Glycerine	清澈無色的黏稠液體，接觸皮膚後會明顯產生溫熱感。
2	1,3 丙二醇	1,3Propylene Glycol（PG）	無色澄清透明液體。
3	1,3 丁二醇	1,3Butylene Glycol	無色澄清透明液體。
4	山梨醣醇	Sorbitol	白色針狀結晶或結晶性粉末。
5	雙丙二醇	Dipropylene glycol（DPG）	無色澄清透明液體。

項次	中文名稱	INCI 名稱	外觀及特性
6	戊二醇	Pentylene glycol	無色澄清透明液體。
7	聚乙二醇類 PEG-200； PEG-400 以上	Polyethylene Glycol 200（400）	無色澄清透明黏稠液體（分子量越大，稠度越高呈膏狀）。

（二）角質層天然保濕因子（NMF）

NMF（Natural Moisture Factor）是存在於皮膚角質細胞中的水溶性物質，並與角質細胞的脂質及蛋白質共同構成角質屏障的天然保濕因子成分，具有結合吸收大氣中的水分子物質能力，比多元醇具有更優越的吸濕飽水力（Water Holding Capacity），也是化粧品保濕劑中常用的有效成分，其類型分為以下：

1. 乳酸鈉（Sodium Lactate）

為濃度 60% 水溶性無色透明黏稠液體，pH 值約為 6.5 ～ 7.5 之間，分子量為 112.06kDa，存在於角質細胞中（含量約 12%），具有良好吸濕效果其吸濕飽水能力僅次於透明質酸鈉（透明質酸）比甘油較不黏膩而保濕，也可作為 pH 值緩衝。

2. 乳酸（Lactic acid）

為無色透明液體，pH 值約為 2.4 ～ 3.5 之間，分子量為 90.08kDa，具有保濕或軟化角質作用。

3. 尿素（Urea）

為無色結晶顆粒體，分子量為 60kDa，是角質細胞中的 NMF 天然保濕因子，含量為 7.0%，可增加皮膚表層的含水量，當添加較高濃度時則具有軟化角質之作用。

4. 吡咯烷酮羧酸鈉（Pyrrolidone Carboxylic Acid Sodium,PCA Na）

為濃度 50% 無色無味的透明水溶液，pH 值約為 6.8~7.4 之間，分子量為 151.1kDa，存在於角質細胞中（含量約 12%），具有比甘油較不黏膩而保濕的特性。

5. 絲胺基酸（Silk Amino Acid）

人體皮膚角質細胞的 NMF 中約含有高達 40% 胺基酸物質，也是影響頭髮健康的重要成分，胺基酸可以維持皮膚光滑和柔軟性，並減少經皮水分散失（TWEL），然而當皮膚的氨基酸含量降低時，會使皮膚明顯感到乾燥及屏障受損，甚至導致皮膚受損或發炎等問題產生，化粧品中常以添加由蠶繭絲纖維中經水解提取而來的游離氨基酸，主要的氨基酸類型為甘氨酸、丙氨酸和絲氨酸，具有提升皮膚水合作用，而使皮膚維持年輕及彈性。

6. 聚谷氨酸（γ-PGA）

聚谷氨酸（γ-PGA）是一種經由生物合成方式（以枯草芽孢桿菌納豆菌經由微生物發酵）所製成的水溶性天然聚合物，為 α- 氨基和 γ-羧基交聯的谷氨酸單體組成，其分子量大約在 100~10000kDa 之間，具有優越的保水功能，又被稱為納豆膠（NattoGum）並有植物膠原之稱，在化粧品製劑中的應用主要作為促進角質屏障 NMF 中保濕因子的生成，使皮膚能延長水合能力，另一方面也添加於護髮產品中作為改善頭髮因乾燥所造成的髮質受損，是近幾年市場中廣受好評的保濕成分。（如表 3-29 所示）

表 3-29　化粧品角質層天然保濕因子（NMF）類型保濕劑

項次	中文名稱	INCI 名稱或別稱	外觀	建議用量
1	乳酸鈉（60%）	Sodium Lactate	無色透明黏稠液體	0.5~2.0%
2	乳酸	Lactic acid	無色透明液體	1.0~5.0%
3	尿素	Urea	無色結晶顆粒體	0.2~1.0%
4	吡咯烷酮羧酸鈉	PCA Na	無色澄清透明液體	0.5~5.0%
5	絲胺基酸	Silk Amino Acid	褐色澄清透明液體	1.0~5.0%
6	γ - 聚谷氨酸	Gamma-polyglutamic acid（γ-PGA）	黃褐色粉末	1.0~5.0%

（三）多醣保濕劑（Polysaccharide Moisturizing）

1. 玻尿酸（Sodium Hyaluronate, Hyaluronic Acid, HA）

　　玻尿酸又稱透明質酸鈉也稱為醣醛酸（HA），是一種直鏈多糖，由葡萄糖醛酸及乙醯葡萄糖胺（Na-glucuronate-N-acetyl glucosamine）雙醣所構成的高分子多醣體，存在於人體皮膚、軟骨和眼睛等組織中，其中又以皮膚含量最高，是皮膚真皮層中細胞外間質（ECM）與基底角質細胞的重要組成分，更是皮膚的天然保濕因子，可維持皮膚豐潤及水合能力並改善細紋和恢復彈性，但隨著年齡的增長玻尿酸逐漸流失，皮膚就容易變得乾燥脆弱等老化現象。

　　因此化粧品玻尿酸成分主要作為提升皮膚水潤光澤及減少經皮水分流失（TEWL），可保護真皮層中的膠原蛋白和彈性蛋白流失，同時也可以提升真皮層纖維母細胞增殖及有助於皮膚維持良好代謝。（如圖 3-13 所示）

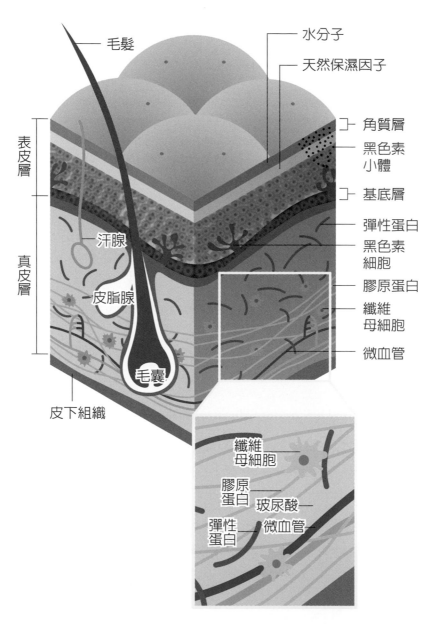

毛髮

水分子

天然保濕因子

角質層

黑色素
小體

基底層

彈性蛋白

黑色素
細胞

膠原蛋白

纖維
母細胞

微血管

表皮層

真皮層

汗腺

皮脂腺

毛囊

皮下組織

纖維
母細胞

膠原
蛋白

玻尿酸

彈性
蛋白

微血管

圖 3-13 玻尿酸和膠原蛋白是皮膚天然物質位於表皮下方

　　而在化粧品中的應用，由於玻尿酸具有優越的吸收水分子能力，因此常作為提升角質屏障的保濕用途以及提升塗抹的潤滑觸感、增稠、懸浮改變流體和表皮成膜性，並且可提升表面保濕力防止乾燥和修復受損皮膚，同時可作為其他水溶性活性物質的滲透促進劑等多種功能，因此具有化粧品永不退色的明星成分之稱。

　　另一方面醫藥級玻尿酸也常被應用在醫療注射如臉部注射作為填補真皮中連接纖維膠原蛋白和彈性蛋白的空間，使臉部外觀更為飽滿。

　　化粧品玻尿酸原料為白色粉末狀，早期來源可自公雞的雞冠萃取，現今大多已由生物發酵技術量化生產而取得，因此品質更為穩定同時也可以避免禽流感等疑慮，由於玻尿酸是一種密集網狀結構具有極佳的水合能力，可吸收自身重量 400~1000 倍以上的水分，是目前市場中最受歡迎的保濕成分。

　　化粧品所使用的玻尿酸其分子量範圍可由高分子量約 180~200 萬左右至低分子量約 5~20 萬道爾頓（50~200kDa,daltons），隨分子量越低吸收自身重量水分降低，外觀呈液狀，有別於高分子呈凝稠狀膠體，而 HA 低分子量（Low molecular weight,LMW；Super Low Molecular Weight,SLMW）溶液較無表面滑感，但具有顯著地降低皮膚粗糙度，且結合鋅鹽（HA-Zn）更有助於皮膚修護作用，另一方面，當塗抹濃度過高之高分子 HA 配方，當在乾燥的氣候條件下與空氣濕度很低時，HA 可能優先吸收自身皮膚水份，而產生相反的效果是有可能的，因此可在配方中搭配其他保濕劑作為組合應用。（如表 3-30 所示）

表 3-30　化粧品多醣類型保濕劑

項次	中文名稱	INCI 名稱	性狀及用量
1	玻尿酸（鈉）	Sodium Hyaluronate	水溶性白色粉末狀。用量：0.1~1.0%。
	玻尿酸（鋅）	Hyaluronate Acid,Zn	
2	海藻糖	Trehalose	水溶性白色粉末狀 用量：1.0~3.0%。
3	燕麥 β 葡聚糖	Aqua（and）Glycerin（and）Beta-Glucan	水溶性微黃澄清透明黏稠液體。用量：1.0~5.0%。
4	蘆薈	Aloe barbadensis Leaf Juice	水溶性微黃澄清透明液體。用量：1.0~20.0%。
5	幾丁聚糖	Chitisan	水溶性白色粉末狀。用量：1.0~3.0%。
6	啤酒酵母	Beer yeast（Saccharomycescerevisiae）	褐黃色粉末狀。用量：1.0~10.0%。
7	白木耳	Tremella Fuciformis（Mushroom）Extract.	白色粉末。用量：1.0~3.0%。

2. 海藻糖（Trehalose）

　　海藻糖具有吸收水分能力，對於乾燥皮膚可在表層形成薄膜並提升皮膚水合能力而防止皮膚養分流失，同時可提升皮膚保濕性、延緩老化的特性清除自由基和抗氧化作用，應用於頭髮護理方面能提升頭髮的保護與避免長期燙染或吹整所造成的乾燥或受損。

3. 燕麥 β 葡聚糖（Beta–Glucan）

　　Beta 葡聚糖為高分子量水性保濕成分，能在皮膚表面形成薄膜並提升皮膚天然自我保護力，具有保濕、保護和修復功效，同時也可以增加水合能力並刺激膠原蛋白增生、避免細紋和皺紋的產生。

4. 膠原蛋白（Collagen）

膠原蛋白纖維是由三股螺旋狀聚胜肽鏈組成的束狀結構，其主要是由 1/3 含量的甘氨酸及脯氨酸與賴氨酸各占 10% 所組成，每股鏈都含約有 830~1050 個氨基酸，不同鏈中的氨基酸之間的氫鍵有助於相互作用，呈緊密纏繞賦予纖維強韌與彈性。

人體的膠原蛋白位於真皮層結締組織中，其含量約占 75%~80%，為細胞外間質最重要的蛋白質結構，更是皮膚維持強韌、彈性和保濕的主要物質；膠原蛋白可由人體自行合成至少 20 餘種類型，其中有助於皮膚纖維母細胞的類型以 I 型及 III 型膠原蛋白（CollagenI,III）為主，膠原蛋白 I 型主要存在於成人的皮膚、骨骼和其他結締組織中，也是所有膠原蛋白中最豐富的類型，然而隨著時間年齡的增長與皮膚的老化會使真皮層中的膠原蛋白逐漸降解流逝，皮膚失去彈性而產生細紋及皺紋。而膠原蛋白 III 型則是主要存在於可延伸的組織中，例如發育中的組織、外來損傷及嬰兒皮膚組織中，有助於修護組織的膠原蛋白質， III 型膠原蛋白約 90 天的時間熟成為 I 型膠原蛋白，因此激活膠原蛋白 III 型的合成能力可使膠原蛋白 I 型維持皮膚彈性與緊實，更是人體各項組織中的重要物質。（如圖 3-14 所示）

在化粧品中的應用是作為補充皮膚水分與維持皮膚良好保濕功效的重要成分來源，常見的化粧品膠原蛋白原料來源有豬、牛、藻類或深海魚膠原等，由於膠原蛋白分子量大具有良好的表面保濕特性，而為使膠原蛋白能利於

構成纖維母細胞的I型及III型膠原蛋白類型（CollagenI,III）

圖 3-14　構成纖維母細胞的 I 型及 III 型膠原蛋白類型（CollagenI,III）

皮膚吸收，目前經由生物技術水解處理方式使膠原蛋白分子呈現小分子型態更有助於人體皮膚吸收，例如具有化粧品界黃金之稱的鮭魚魚卵膠原萃取液或鮭魚魚子醬萃取液，因富含 20 種胺基酸成分能提供皮膚更豐富養分具抗皺、保濕、修護等活化肌膚之功效等，因此是化粧品成分中十分熱門的明星成分。

二、美白劑（Whitening Agents）

　　美白成分在化粧品中主要是透過干擾黑色素細胞分化與轉移過程來減少皮膚色素產生及沉著問題，如雀斑、老年斑、痤瘡疤痕或荷爾蒙等有關不同程度的膚色變化。因此透過皮膚機理與美白機轉可分為：抑制黑色素酪氨酸酶活化過程並減少或阻斷黑色素的生成、抑制誘導酪氨酸酶生成黑色素關鍵酶的熟成或黑色素細胞中的黑色素顆粒向周圍角質細胞轉移，並減少或阻斷黑色素生成，另一方面，對於已形成的黑色素降低其氧化反應，進行分解、淡化及還原黑色素，而使黑色素氧化反應減弱或加速角化速度與代謝過程，使黑色素能快速剝離。

　　基於上述原理將美白成分區分為抑制、阻斷、還原或代謝等幾項重要機轉，目前市場美白產品成分中大多會根據各種單一成分間之特定功能進行複配，例如具有不同的美白機轉，並基於共通的 pH 值環境下結合抗氧化成分 (維生素 E) 使美白成分間具協同效應。

（一）維他命 C 及其延伸物類

　　維他命 C（Vitamin C；Ascorbic acid），又稱 L- 抗壞血酸，主要功效為美白、抗氧化及刺激膠原蛋增生作用，其機制為抑制酪胺酸酶酵素所產生的一連串黑色素反應或還原已產生的黑色素。除此之外也可當抗氧化劑及刺激膠原蛋白的增生，達到抗老化的效果，當白天使用時，可以防止和緩衝紫外線對皮膚造成的傷害，並能改善不均勻膚色使皮膚更顯明亮。

維他命 C 及其延伸物的類型各有不同，然而皆具有極易氧化的問題，因此在配方的應用大多會結合其他抗氧化成分或乳化方式作為延緩氧化的方式；另一方面包括儲存條件和包材的選用以低溫或避光性方式是可以獲得程度上的改善。

有關美白成分之規範，依衛生福利部自 2016 年 3 月 30 日公布，目前核准使用之 13 種美白成分，主要功能分為「抑制黑色素形成」及「兼具抑制黑色素形成與促進已產生的黑色素淡化」兩大類。（如表 3-31 及 3-32 所示）

表 3-31　維他命 C 及其延伸物成分

項次	中文名稱 / 別稱	INCI 名稱	性狀
	特性		
1	維他命 C(抗壞血酸) 磷酸鈉鹽（SAP）	Sodium Ascorbyl Phosphate	水溶性 白色粉末狀
	pH 值：<6，呈中性。 用量：依衛生署規定限量濃度 3.0%。 穩定性：對光敏感，需用鹼劑調整為中性，pH6~7 穩定，於乳液產品中佳。		
2	維他命 C(抗壞血酸) 磷酸鎂鹽（MAP）	Magnesium Ascorbyl Phosphate	水溶性 白色粉末狀
	溶解：水溶性 pH 值：<6，呈中性。 用量：依衛生署規定限量濃度 3.0%。 穩定性：對光敏感，需用鹼劑調整為中性，pH6~7 穩定，於乳液產品中佳。		

項次	中文名稱 / 別稱	INCI 名稱	性狀
		特性	
3	維他命 C(抗壞血酸) 葡萄糖苷（AAG）	Ascorbyl Glucoside	水溶性 白色結晶性 粉末狀
	具美白及抗氧化效果，能抑制酪胺酸酶酵素活性、有助於膠原蛋白增生與合成能力。 溶解：水溶性。 適合 pH 值：<6，呈中性 用量：依衛生署規定限量濃度 2.0%。 穩定性：對光敏感需用鹼劑調整至中性 (pH6-7 穩定)。		
4	3- 氧 - 乙基維生素 C； 維他命 C 乙基抗壞血酸；維生素 C 乙基醚	3-O-Ethyl Ascorbic Acid	水溶性 白色結晶性 粉末狀
	水溶性，具美白、抗氧化效果，能抑制酪胺酸酶酵素活性、有助於膠原蛋白增生與合成能力。 pH 值：呈中性。 用量：依衛生署規定限量濃度 2.0%。 穩定性：對光敏感而比一般維他命 C 更為穩定。		
5	抗壞血酸棕櫚酸酯； 維生素 C 酯；維他命 C 四異棕櫚酸鹽	Ascorbyl Palmitate （Vitamin C Palmitate）	溶於酒精或 油中微溶 白色粉末狀
	由棕櫚酸或硬脂酸結合水溶性維生素 C 進行酯化，轉化為脂溶性狀態，具美白及抗氧化效果，能抑制酪胺酸酶酵素活性、有助於刺激膠原蛋白增生與合成能力。 pH 值：呈中性。 用量：依衛生署規定限量濃度 2.0%。 穩定性：對光敏感但比水溶性形式更為穩定。		

表 3-32 常見化粧品美白成分

項次	中文名稱 / 別稱	INCI 名稱	性狀
1	維他命 C（VitaminC）及其延伸物類： Sodium Ascorbyl Phosphate（SAP）,Magnesium Ascorbyl Phosphate,Ascorbyl Glucoside（AAG）,3-O-Ethyl Ascorbic Acid,Ascorbyl Palmitat.		
2	熊果素	Arbutin	水溶性白色粉末狀
	具美白，能抑制酪胺酸酵素活性。 pH 值：呈中性。 限量（使用濃度）：7.0%。 穩定性：對光敏感。		
3	傳明酸 ,TXA	Tranexamic acid	水溶性白色結晶性粉末狀
	具美白，抑制酪胺酸酵素活性及具有抗氧化和抗過敏作用。 pH 值：呈中性。 限量（使用濃度）：2.0-3%。 穩定性：穩定，無刺激性作用。		
4	麴酸	Kojic Acid	水溶性白色粉末狀
	可與銅離子作用，阻斷酪氨酸(Tyrosine)與酪氨酸脢(Tyrosinase)造成的一連串黑色素反應。 pH 值：呈中性。 限量（使用濃度）：2%。 穩定性：對光敏感而比水溶性形式要穩定。		
5	維生素 B_3 Vitamin B_3/ 菸鹼醯胺	Niacinamide	水溶性白色粉末狀
	抑制黑色素細胞中的黑色素小體（Melanosome）轉移到角質細胞（Keratinocytes），達到抑制黑色素的產生。 pH 值：6.0。 限量（使用濃度）：0.5-2.0%		

項次	中文名稱 / 別稱	INCI 名稱	性狀
6	穀胱甘肽 ,GSH	Glutathione	水溶性白色粉末狀
	抑制自由基所造成的氧化反應以及中斷多巴（L-DOPA）結合酶的能力來抑制黑色素合成。 pH 值：6.0。 限量（使用濃度）：0.5-2.0%		

（二）熊果素對苯二酚及其延伸物（Arbutin）

熊果素又稱為熊果苷（Arbutin）是一種由杜鵑花科植物熊果葉中提取出的成分，具有葡糖基鍵的氫醌葡萄糖苷含天然對苯二酚，其作用是經水解緩慢釋放氫醌，從而阻止酪氨酸酶的活性，可阻斷麥拉寧（黑色素）產生達到美白效果，在化粧品中，分為：α- 熊果苷（α-Arbutin,Alpha Arbutin）或 β- 熊果苷（Beta Arbutin）兩種不同的形式，其中又以 α- 熊果苷更為穩定且效果更好，pH 為 3.5~6.5 範圍內穩定，目前衛生署已核准使用於美白化粧品中，限量添加為 7.0%。

（三）傳明酸（Tranexamic Acid,TXA）

在醫學上常作為凝血成分，因此又稱為斷血炎、止血環酸、凝血酸或氨甲環酸等，作為手術中的出血方面非常有用，是一種合成的賴氨酸氨基酸衍生物，於治療中發現，在化粧品中的應用作為抑制 UV 誘導角質細胞中的纖溶酶活性並降低黑素細胞酪氨酸酶活性，並且防止黑色素聚集的情況，阻斷消弭因紫外線照射而形成黑色素惡化的形成路徑，對於皮膚表皮色素沉著、真皮黃褐斑、黑斑和晒傷改善具有顯著改善。目前衛生署已核准使用於美白化粧品中，限量添加 2%~3%。

（四）麴酸（Kojic Acid）

又稱為曲酸或鞠酸是一種具有化學螯合劑特性，源自於日本製造清酒時，於大米發酵過程中所產生的副產品米麴菌中被發現，其美白

原理是指黑色素生成過程中可與銅離子螯合 (Chelating) 作用，阻斷酪氨酸 (Tyrosine) 與酪氨酸酶 (Tyrosinase) 造成的一連串黑色素反應。然而學術研究上仍有爭議，對於長期使用麴酸而造成接觸性皮炎的副作用相關報導，在國內合法但已被日本禁用，因此使用者須留意，一般麴酸濃度為 1.0% 或以下可降低刺激敏感問題。目前衛生署已核准使用於美白化粧品中，限量添加為 2.0%。

（五）菸鹼醯胺（Nicotinamide）

菸鹼醯胺又稱維生素 B_3（Vitamin B_3），具均勻膚色與強化皮膚角質屏障作用，並減少皺紋和細紋產生，使皮膚更顯清透與明亮，在化粧品中的作用是阻斷黑色素的傳遞，抑制黑色素細胞中的黑色素小體（Melanosome）轉移到角質細胞（Keratinocytes）達到抑制黑色素的產生，由於理想的 pH 為 6.0，因此應避免與其他低 pH 值成分如 L- 抗壞血酸（L-asorbic acid）複配而造成水解，並形成菸酸，導致皮膚刺激的可能。

（六）穀胱甘肽 Glutathione（GSH）

麩胱甘肽又稱麩氨基硫，取自於糖蜜（Molasses）中所獲得酵母（Yeast）經發酵製成，並由谷氨酸（Glutamic acid、半胱氨酸（Cysteine）及氨基酸甘氨酸（Amino acids glycine）所構成的水溶性物質，屬於三胜肽（Tripeptide）類型，也存在在動植物的組織中，因此更為人體細胞內不可或缺的重要物質，GSH 具有抑制自由基所造成的氧化反應以及中斷多巴（L-DOPA）結合酶的能力來抑制黑色素合成。

三、防晒劑（Sunscreen Agents）

防晒劑在化粧品中的應用主要是透過添加含有保護皮膚免受紫外線光源（Ultraviolet Radiation,UVR）所造成損害的成分，防晒與皮膚老化和美白有著極大的關係乃基於當皮膚長期或過度曝晒於紫外線環境

時，除了造成皮膚不同程度上的晒黑及晒傷外，更誘導皮膚細胞受損及加速老化而造成皮膚角質增厚、水分流失、細紋與皺紋，另一方面也會激活黑色素細胞的反應，產生暗沉、黑斑、雀斑等色素沉著問題。良好的防晒配方需具備以下條件：

1. 具安全性
2. 具廣譜效能：同時具 UVA 及 UVB 保護功效。
3. 不影響皮膚外觀
4. 具光穩定性
5. 具防水性
6. 具皮膚舒適感

　　化粧品防晒劑可分為物理性和化學性防晒劑：

（一）物理性防晒劑（Physical sunscreens agents）

　　主要為白色無機礦物粉體，其作用原理是透過反射和散射紫外線可見光波，物理性防晒劑包括二氧化鈦及氧化鋅兩種，其具有優異的反射性與散射性，其中又以氧化鋅具有比二氧化鈦更好的光普範圍，較不會隨著時間的推移而降解或喪失效能，同時可修飾膚色作用與無刺激或致敏性，因此也廣泛添加於各種彩粧類產品中，但隨防晒係數提升相對必須添加更多的粉體，往往也產生皮膚厚實粉體粧感而導致使用者用量減少而產生防護效能降低。

1. 二氧化鈦（Titanium Dioxide, TiO$_2$）

　　二氧化鈦粉體具有阻擋 UVB 及 UVA2 光波所造成的皮膚晒紅、晒傷或晒黑，並且可提供良好遮蔽性，粉體遮蔽性次於氧化鋅，使用限量為 25% 以下（含奈米化二氧化鈦）。

2. 氧化鋅（Zin coxide,ZnO）

　　氧化鋅粉體所產生的物理屏障具有阻擋整個光譜 UVA1、UVA2 及 UVB 光波效能，同時對皮膚具有收斂和修護作用，也是唯一獲得美國

FDA 所核准的廣譜防護成分，使用限量 2.0~20.0%（作為收斂劑之用途，限量 10% 以下）。

（二）化學性防晒劑（Chemical sunscreen agents）

化學性防晒劑主要為有機化合物，其作用原理是透過滲透皮膚層後以吸收紫外線而產生防晒作用，由於化學性防晒劑易引起皮膚刺激或敏感性風險，因此依衛生署規定為化粧品含有醫療或毒劇藥品基準（含藥化粧品基準），必須依添加限量使用。另一方面，大多數化學性防晒劑成分中較少對於 UVA1 有保護能力，且具有光穩定性疑慮，因此大多化學性防晒劑會與物理性防晒劑混和，以提供更安全與穩定性的保護（如表 3-33 所示），依衛生福利部規定特定用途成分應符合「特定用途化粧品成分名稱及使用限制表」之規定。

表 3-33　常用化粧品化學性防晒成分

項次	中文名稱	INCI 名稱	UVA1：400-340 UVA2：340-320 UVB：320-290
1	二苯甲酮（氧苯酮）-3	Benzophenone-3（Oxybenzon）,BP-3	UVA1
2	二苯甲酮 -8	Dioxybenzone（Benzophenone8）	UVB, UVA2
3	水楊酸 3,3,5- 三甲基環己酯	3,3,5-Trimethylcyclohexylsalicylate（Homosalate）	UVB
4	水楊酸乙基己酯（水楊酸辛酯）	Ethylhexylsalicylate（Octisalate）	UVB
5	甲氧基肉桂酸辛酯（OMC）	Octyl Methioxycinnamate（OMC）	UVB
6	甲酚曲唑三矽氧烷	MexorylXL,Drometrizoletrisiloxane	UVA,UVB

項次	中文名稱	INCI 名稱	UVA1：400-340 UVA2：340-320 UVB：320-290
7	阿伏苯宗（帕索1789），丁基甲氧基二苯甲酰甲烷	Avobezone（Parsoll789）,Butyl Methoxydibenzoylmethane	UVA1
8	氧苯酮,2-羥基-4-甲氧基二苯甲酮	Oxybenzone,2-hydroxy-4-methoxy-benzophenone,	UVB,UVA2
9	氨基苯甲酸	Aminobenzoic Acid（PABA）	UV-B
10	奧克立林	Octocrylene（OTC）	UVB,UVA2
11	對甲氧基肉桂酸2-乙氧基乙酯（西諾沙）	2-Ethoxyethylpara-methoxycinnamate（Cinoxate）	UVB
12	對苯二亞甲基二樟腦磺酸	Ecamsule（Terephthalylidene dicamphor sulfonicacid）	UVA2
13	對苯二亞甲基二樟腦磺酸	Mexoryl SX,Terephthalylidene dicamphor sulfonic acid	UVA
14	鄰氨基苯甲酸甲酯	Menthyl anthranilate	UVB
15	雙-乙基己氧基苯酚甲氧基苯基三嗪	Bis-ethyl-hexyloxyphenol methoxyphenyl triazine	UVA,UVB

四、抗老化劑（Anti Aging Agents）

（一）胜肽（Peptide）

胜肽（Peptide）存在於所有生物體中為生物活性的重要關鍵，胜肽為氨基酸聚合物，其分子介於胺基酸和蛋白質之間，胜肽的組成是由蛋白質的一小片段，由不同種類的胺基酸依序列及數量不同所構成的胺基酸組合，例如由二個胺基酸序列組合稱之為二胜肽，而三個胺基酸序列組合則稱之為三胜肽並依此類推。

蛋白質的長度是由大約 50 個以上的氨基酸構成，因此蛋白質也稱為多胜肽（Peptides），而胜肽的長度則是由小於 30~50 個以內的胺基酸組成，因此稱之為寡胜肽（Oligo peptide），其胜肽分子極小相當於奈米級易於被皮膚吸收，藉由生物技術的發展技術將不同的氨基酸類型及其序列所構成的胜肽鏈，而決定不同胜肽功能與特性，例如修護肌膚、減少細紋、撫平紋路、改善皺紋深度、刺激膠原蛋白增生與彈力蛋白合等活膚作用，胜肽類成分一直是化粧品中最為昂貴的高優質成分，由於效果極佳而廣受消費者親賴，因此常應用於各種皮膚抗衰老保養品中，相對價格十分昂貴。（如表 3-34 所示）

表 3-34　常見化粧品胜肽成分

項次	中文名稱	INCI 名稱	性狀 / 用量
1	三胜肽 - 藍銅胜肽	Glycyl-Histidyl-Lysine-Copper（GHK-Cu）	水溶性，無味藍色粉末狀 用量：0.05~0.25%
	序列為 Gly-his-lys，藍銅胜肽是由甘氨酸、組氨酸和賴氨酸組成的三肽與銅離結合子所形成，促進膠原蛋白和彈力蛋白的合成，以及抗炎、抗氧化和助於傷口癒合能力。		

項次	中文名稱	INCI 名稱	性狀 / 用量
2	棕櫚醯三胜肽 -5	Palmitoyl Tripeptide-5	水溶性，白色粉末狀 用量：0.01-0.05%
	棕櫚醯三胜肽 -5	Palmitoyl tripeptide5, glycerin,water	水溶性，無色透明液體 用量：1-3%
	序列為 Pal-Lys-Val-Lys-OH，可促進 TGF-β 活化助於膠原蛋白的增生、修復細胞外間質損傷和抗炎作用，應用於刺激皮膚細胞更新與皮膚再生和減少皺紋。		
3	四胜肽	Caprooyl Tetrapeptide-3,Glycerin,Water,D extran	水溶性，無色透明液體 用量：0.3-2.5%
	序列為 Palm-Lys-Val-Dab-Thr,Palm-Lys-Val-Dab 能刺激表皮與真皮連結相關蛋白質增生，提升真皮組織密度，改善細紋與皺紋。		
4	五胜肽	Palmitoyl Pentapeptide-3；Palmitoyl Pentapeptide-4,Palmitoyl Tetrapeptid7；Palmitoyl Pentapeptide	白色粉末，完全溶於水後呈無色透明液體 用量：3.0-5.0%
	序列為 PAL-Lys-Thr-Thr-Lys-Ser-OH，可促進膠原蛋白增生及提升肌膚彈性，助於撫平皺紋及改善細紋與粗糙。		
5	六胜肽	Argireline；Acetyl Hexapeptide-3；Acetylhexapeptide-8	白色粉末，完全溶於水後呈無色透明液體 用量：10%
	序列為 Ac-Glu-Glu-Met-Gln-Arg-Arg-NH2 攔截肌肉收縮信號、抑制神經傳導，減緩收縮，進而改善表情紋的深度和長度（如撫平魚尾紋、抬頭紋、法令紋等動態皺紋）。		
6	棕櫚醯三胜肽 -1；棕櫚醯寡肽	Palmitoyl Tripeptide-1（Palmitoyl Oligopeptide）	水溶性，白色粉末狀
	序列為 Pal-Gly-Lys-OH，具有抗衰老、撫平皺紋和修復皮膚屏障，促進膠原蛋白、彈性蛋白和透明質酸的增生，應用於改善皮膚的含水量、增加真皮的厚度與彈性。		

（二）抗氧化（Antioxidant）

抗氧化劑主要作為防止或延緩氧化反應的活性成分，由於氧化反應會產生自由基並誘發人體及皮膚細胞連鎖反應，當皮膚長期暴露於紫外線下將加速皮膚光老化、失去彈性而導致皺紋與暗沉產生，因此添加抗氧化劑於配方中可以提升皮膚的保護力與抵禦能力如滋潤皮膚、提升光澤並延緩紫外線所造成的晒斑、暗沉、老化與細胞受損等，另一方面，可以作為避免或降低化粧品中其他成分如蛋白質、脂質或美白劑因接觸光照與空氣所引起的成分氧化或降解問題，例如導致酸敗、異味、褐化變色或其他不穩定性氧化等。（如表 3-35 所示）

表 3-35　常見化粧品抗氧化（抗自由基）成分

項次	成分名稱	INCI 名稱	性狀 / 參考用量
1	阿魏酸	Ferulic Acid	水溶性 白灰色粉 加量：0.5%~2%
2	大豆異黃酮	Glycine Soja（Soyabean）Seed Extract	水溶性 黃色液狀 用量：5~10%
3	四氫薑黃素（THC）	Tetrahydrodiferuloy-lmethane	白色至乳白色結晶性粉末狀 用量：0.5~0.2% 溶於丙二醇（1：8，40°C），不溶於甘油和水。
4	甘草根提取物（光甘草定異黃酮）	Glycyrrhiza Glabra（Licorice）Root Extract	脂溶性 灰白色至黃棕色粉末狀 用量：0.05~0.1%
5	艾地苯醌	Idebenone	脂溶性 橘黃色粉末 用量：0.5%~1.0%

項次	成分名稱	INCI 名稱	性狀 / 參考用量
6	表沒食子兒茶素沒食子酸酯（EGCG, 綠茶多酚）	Epigallocatechin gallate	水溶性 白色或棕黃色粉末狀 用量：0.5%~1.0%
7	迷迭香（迷迭香酸）	Rosmarinus Officinalis(Rosemary) Extract	水溶性 黃綠色至棕色粉末狀 用量：0.1-1.0%
8	硫辛酸（ALA）	Alpha lipoic acid	黃色粉末狀 用量：0.2-0.5%
9	蝦青素	Astaxanthin	水溶性 紅褐色粉末狀 用量：0.5~1.0%
10	葡萄籽提取物（原花青素,Oligomeric proanthocynidins,OPC）	Vitis vinifera（grape）seed extract	微溶於水 紅棕色粉末狀 用量：0.5%~2.0%
11	維生素 C 及其延伸物	Vitamin C	水溶性 白色粉末狀 用量：0.5%~2.0%
12	維生素 E	D-alpha tocopherol	脂溶性 澄清透明油狀 用量：0.5%~1.0%
13	輔酶 Q10（CoQ-10）	Coenzyme Q10（Co Q-10）	脂溶性 黃色至橙色結晶粉末狀 用量：0.2-0.5%
14	穀胱甘肽	Glutathione	水溶性 白色結晶粉末狀 用量：1.0-1.5%

（三）膠原蛋白與胺基酸（Collagen & Amino Acid）

　　膠原蛋白是位於真皮層結締組織中，其含量約占 75%~80%，為細胞外間質最重要的蛋白結構更是維持皮膚強韌和彈性的主要物質。膠原蛋白在化粧品中主要作為保濕劑，且依各種不同的來源如海洋魚類、豬皮與萃取方式經由酶水解過程製造，例如將長鏈大分子量的膠原蛋白轉化成短鏈小分子量的水解膠原蛋白，而有不同程度的保濕或抗皺作用，可提供皮膚所需氨基酸並增加表皮水和作用，賦予皮膚豐潤、彈力並促進皮膚再生能力與維持細胞正常功能，而減少皺紋與細紋產生使皮膚回復緊緻與年輕。（如表 3-36 所示）

表 3-36　常見化粧品膠原蛋白與胺基酸成分

項次	中文名稱	INCI 名稱	性狀 / 用量
1	水解（豬 / 魚）膠原蛋白	Hydrolyzed Collagen	水溶性灰白色粉末 用量：0.2-2%
2	水解角蛋白	Aqua and Hydrolyzed Keratin	水溶性琥珀色液體 用量：1.0-5.0%
3	水解蠶絲液	Aqua and Hydrolyzed Silk	水溶性琥珀色液體 用量：0.5-2.0%。
4	海洋水解膠原蛋白	Aqua（and）Hydrolyzed Collagen	水溶性琥珀色液體 用量：0.5–2.0%。
5	魚皮膠原蛋白萃取液	Purified water / Butylene glycol / Fish collagen	水溶性琥珀色液體 用量：1.0-3.0%
6	鮭魚卵萃取液	Salmon Egg Extract	水溶性琥珀色液體 用量：1.0-3.0%

五、植物萃取類（Plant Extract）

隨著全球萃取技術發展，天然植物成分來源更是市場趨勢，自今早已有更多科學證明，常應用於對皮膚的改善如抗老化、美白、抗氧化、活膚、舒緩、保濕或鎮靜等功效，由於植物種類來源眾多與其復雜的活性成分，因此藉由良好的萃取技術保留植物活性與穩定性使植物能保留其重要的營養價值，在化粧品機能性成分中主要作為天然訴求並賦予產品功效性用途，植物萃取液大多屬水溶性成分，添加濃度大約為 3~10%。（如表 3-37 所示）

表 3-37 常見化粧品植物萃取 (提取物) 成分

項次	中 / 英文名稱	作用	性狀
1	人蔘萃取液 Ginseng Extract	抗老化、活膚、舒緩	微黃色澄清液體
2	小黃瓜萃取液 Cucumber Extract	保濕、美白、滋潤	微黃色澄清液體
3	山金車萃取液 Arnica Extract	舒緩，保濕、鎮靜	琥珀色澄清液體
4	山藥萃取液 Wild Yam Extract	抗老化、活膚、舒緩、滋潤	微黃色澄清液體
5	尤加利萃取液 Eucalyptus Extract	舒緩、保濕、鎮靜	微黃色澄清液體
6	牛蒡根萃取液 Burdock Root Extract	抗氧化、舒緩、抗炎	琥珀色澄清液體
7	甘草根萃取液 Licorice Root Extract	抗氧化、美白、鎮靜、舒緩	琥珀色澄清液體
8	生薑萃取液 Ginger Extract	舒緩、鎮靜、抗老化	微黃色澄清液體

項次	中 / 英文名稱	作用	性狀
9	矢車菊萃取液 Cornflower Extract	收斂、淨化、舒緩、修護	透明 - 微黃色澄清液體
10	奇異果萃取液 Kiwi Fruit Extract	美白、抗氧化、抗老化	透明 - 微黃色澄清液體
11	金盞花萃取液 Calendula Extract	鎮靜、舒緩、抗老化、修護	琥珀色澄清液體
12	金縷梅萃取液 Witch Hazel Extract	收斂、淨化、舒緩	微黃色澄清液體
13	長春藤萃取液 Ivy Extract	舒緩、保濕、鎮靜	深琥珀色澄清液體
14	洋甘菊萃取液 Chamomile Extract	抗氧化、美白、修護、舒緩、鎮靜	透明 - 微黃色澄清液體
15	紅茶萃取液 Black Tea Extract	抗氧化、舒緩	深琥珀色澄清液體
16	接骨木萃取液 Elderberry Extract	舒緩、保濕、鎮靜、修護	深琥珀色澄清液體
17	當歸萃取液 Angelica Extract	抗氧化、舒緩	琥珀色澄清液體
18	綠茶萃取液 Green Tea Extract	抗氧化、美白、舒緩、鎮靜	深琥珀色澄清液體
19	銀杏葉萃取液 Ginkgobilobaleaf Extract	活化、抗氧化	透明 - 微黃色澄清液體
20	樺樹葉萃取液 Birch Leaves Extract	收斂、舒緩	琥珀色澄清液體
21	燕麥萃取液 Oat Extract	滋潤、抗老化、修護	微黃色澄清黏稠液體

項次	中／英文名稱	作用	性狀
22	蘆薈萃取液 Aloe Vera Extract	保濕、滋潤、舒緩	透明～微黃色澄清液體
23	蠟菊（不凋花）萃取液 Immortelle（Everlastin）Extract	緊實、活膚、抗老化、修護	微黃色澄清液體

六、海藻類（Seaweed Extract/Algae Extract）

　　海藻是生長於海洋的藻類，且依生長在不同的潮間帶（淺、中、深）可分為固著性藻類和浮游性藻類並統稱為海藻，固著性藻類係指肉眼可見如海帶、綠藻或紅藻等，以及浮游性藻類（浮游植物）如矽藻、小球藻或小泡墨角藻等，而這些藻類乃基於生長在不同的水域條件以及行光合作用關係，而有外觀生長構造、形狀、色澤以及營養物質與作用而有不同，由於藻類富含多種營養物質如矽、胺基酸（蛋白質）、多醣體、蝦紅素、維生素和礦物質等，因此廣泛應用於醫藥、食品及化粧品製劑中。

　　海藻類植物可萃取出各種形式與物質如藻膠、褐藻酸、海藻乳酸、海藻聚多醣體或海藻保濕劑等成分，應用於皮膚護理上具有滋養、修護、舒緩、抗衰老、抗氧化自由基、保濕、緊實、塑身、淨化或促進新陳代謝等賦予皮膚健康與光澤之作用，另一方面也應用於頭髮護理具有滋養、修護及強韌髮根之作用，同時也可以使頭皮更加健康，添加濃度約 1.0~10.0%。（如表 3-38 所示）

表 3-38　常見化粧品海藻提取物

項次	中 / 英文名稱	INCI 名稱	外觀
1	大海帶提取物 Sea Kelp Extract	Glycerin,water,Macrocystispyrifera（Sea Kelp）extract,phenoxyethanol	琥珀色液體
2	角叉菜（紅海藻）提取物 Chondrus Crispus Extract	Aqua/Water-Chondrus Crispus Extract	微黃透明凝膠
3	挪威海帶提取物 Seaweed Extract	Ascophyllum Nodosum Extract	琥珀色液體
4	海洋墨角藻提取物 Algae Extract	Water & Algae Extract & Hexylene Glycol & Caprylyl Glycol & Xanthan Gum	微黃透明液體
5	海帶提取物 Laminaria Saccharina	Glycerin（and）Aqua（and）Laminaria Saccharina Extract	白色至淡黃綠色粉末
6	海藻萃取物 Luminess（Algae Extract）	Glycerin,water,Laminaria（Algae）extract	琥珀色液體
7	極地雪藻萃取物 Snow Algae Powder	Coenochloris Signiensis Extract（and）Maltodextrin（and）Lecithin（and）Aqua/Water	白色至米黃色粉末

七、維他命劑（Vitamin Agents）

維他命又稱為維生素是維持人體健康的必需營養素，為醫藥、食品及化粧品中常見的營養成分，依維生素溶解度及作用分為脂溶性和水溶性兩類，脂溶性維生素主要分為 A、D、E 和 K 及 β- 類胡蘿蔔素（β-carotene）等；水溶性維生素則分為 B、C、菸酸和泛酸等，並且

由特定維生素產生多種天然或合成的延伸物，對皮膚具有不同的益處如明亮膚色與抑制色素沉著、抗老化和抗氧化等效果，因而廣受市場歡迎，化粧品中使用最廣泛的維他命類型如維生素 A、維生素 B₅、維生素 C 和維生素 E 等。

（一）維生素 A（Vitamin A）

維生素 A 在護膚產品中主要作為維持皮膚功能正常化，其含有很多不同衍生物，例如乙酸視黃醇酯（Vitamin A Acetate）、丙酸視黃酯（Retinyl Propionate）、亞油酸視黃酯（Retinyl Linoleate）、維生素 A 棕櫚酸酯（Retinyl Palmitate）、視黃酸（Retinoic Acid）、視黃醛（Retinal）及維生素 A 酸（Vitamin A Acid）等，以上皆統稱為視黃醇（Retinoids），並簡稱為 A 醇，為各種類型維生素 A 的總稱。由於視黃醇是維持視網膜正常的必需營養素，具視覺作用而命名，為脂溶性化合物並以全反式形式具有作用，由皮膚吸收後需經一連串的氧化反應過程，其氧化步驟為 A 酯→ A 醇→ A 醛→ A 酸，因此，無論使用何種類型維他命 A 衍生物在細胞中最終會轉化為 A 酸形式引起作用。

視黃醇在護膚產品中具有提升皮膚新陳代謝、促進細胞增生並刺激膠原蛋白增生，並且對於痤瘡具有相當療效，因此在所有維生素 A 類型中，以維生素 A 酸屬於藥用處方籤，主要用於治療痤瘡，而在一般功能性護膚產品中仍以抗老化用途為主。

由於視黃醇易受熱、光和空氣氧化及酸度破壞而失去作用，因此在化粧品護膚產品中除了使用不同濃度 A 醇外，大多以其衍生物酯類如乙酸視黃醇酯、丙酸視黃酯及維生素 A 棕櫚酸酯，其中又以維生素 A 棕櫚酸酯是化粧品中最為常見的成分，其雖然具有優於視黃醇更好的穩定性及溫和性，然而對於抗老化效果性、刺激性及痤瘡療效性的強弱比較，依序為 A 酯 < A 醇 < A 醛 < A 酸，因此使用這類成分，應用上需注意使用濃度及視皮膚程度使用，並了解各種維生素 A 類型的用途與適用部位，避免造成皮膚刺激或過敏反應。（如表 3-39 所示）

表 3-39 化粧品常用視黃醇（Retinoids）類型

項次	中文名稱	INCI 名稱	原料外觀
視黃醇（Retinoids），簡稱 A 醇，為各種類型維生素 A 的總稱。			
1	視黃醇	Retinol	黃色結晶固體 不同濃度規格： Retinol15D/Retinol15D/ Retinol50C（黃色液體）
2-5 項屬於維生素 A 衍生物，天然或合成的維生素 A 酯（VitaminAEsters）透過皮膚中的化學反應首先轉化為視黃醇，再轉化為視黃醛，最後轉化為視黃酸形式。			
2	乙酸視黃醇酯	Vitamin A Acetate/Retinyl Acetate	黃色或棕黃色油狀液體或結晶狀
3	丙酸視黃酯	Retinyl Propionate	黃色粉末狀
4	亞油酸視黃酯	Retinyl Linoleate	黃色至棕黃色液體
5	棕櫚酸視黃酯 / 維生素 A 棕櫚酸酯 / 維生素 A 酯	Retinyl Palmitate	黃色粉末狀
6	視黃醛	Retinal（Retinaldehyde）	黃色粉末狀
7	維生素 A 酸 / 視黃酸 / 維甲酸	Vitamin A Acid,Tretinoin,Retinoic Acid	黃色粉末狀

（二）維生素 B₃（Vitamin B₃）

維生素 B₃ 或稱維生素 PP（預防糙皮病因子 Pellagrapreventativefactor,PP）為水溶性維生素，具有兩種不同形式為菸醯胺（Niacinamide）又稱菸鹼醯胺（合成，Nicotinamide）和菸酸（Nicotinic aci），菸鹼醯胺用於化粧品中具有改善角質屏障及促進神經醯胺（Ceramide）和脂質（Free fatty acids）合成功能，以維持皮膚含水量而改善皮膚保濕和彈性，並且保護皮膚免於紫外線所造成的老化、暗沉及黑色素生成，同時改善痤瘡所引起的發炎等。

然而維生素 B₃ 不受光或熱影響，但對於較高或偏低的 pH 值，會導致水解並形成菸酸（Nicotinic Acid），而導致皮膚刺激的可能性，pH 值為 6.0；原料外觀：白色結晶粉末；添加量：0.5.0–2.0%。

（三）維生素 B₅（Vitamin B₅,D-Panthenol）

為水溶性維生素又稱 D 型 - 泛醇（D-Panthenol），廣泛應用於各種皮膚及頭髮護理製劑中，提升皮膚屏障功能使皮膚水分增加，達保濕及修復皮膚功效，而在頭髮護理則可改善頭髮乾燥避免受損作用，原料外觀為無色澄清膏體；添加量：0.5–3.0%。

（四）維生素 C（Vitamin C）

又稱抗壞血酸（Ascorbic acid）為水溶性維生素，具有多種形式的維生素 C 衍生物，應用於化粧品中具有抗氧化及抗衰老作用，同時具有降低紫外線傷害、促進膠原蛋白合成及避免由自由基所引起 DNA 的傷害，也作為美白成分，可抑制黑色素合成及還原已形成的黑色素，均勻膚色並減少痤瘡疤痕使皮膚更顯平滑及明亮。由於極易受到光、熱和氧化破壞而降低活性，理想最終 pH 為 4.0~5.0；原料外觀：白色粉末狀；添加量：5.0~10%（或以上）。

（五）維生素 E（Vitamin E）

維生素 E 具有八種不同的異構體混合物，為四種形式的生育酚（Tocopherol）和四種（Tocotrienols）生育三烯酚，並以 α, γ, β 及 δ 形式存在，廣泛存在於植物油、堅果或穀物中，其中 α-Tocopherol（D-α）形式被證實為人體中最具生物活性並有助於被人體吸收。

化粧品中常見的兩種 α- 生育酚形式，分別為 D-alpha tocopherol（天然 D）及 DL-alpha tocopherol（合成 DL），並與醋酸鹽（Acetate）結合而得生育酚酯化型態，其中以 α- 生育酚乙酸酯（Alpha-tocopheryl acetate）是最常用的維生素 E 酯類型，由於具有較好的穩定性及優異的抗氧化作用，可保護皮膚因紫外線所造成的自由基傷害與 SPF 加乘特性，提升皮膚屏障的水合能力與脂質平衡，使皮膚維持保濕並預防老化作用，而合成則含有較弱的抗氧化特性，適用於維持防止產品成分氧化和偕同防腐作用，添加量：0.1~3.0%。（如表 3-40 所示）

表 3-40　常見化粧品維生素 E 成分

中文名稱	英文名稱 / 別稱	INCI 名稱	源於	外觀
天然生育酚	α-Tocopherol	Tocopherol	植物大豆油中提取	棕紅色粘稠液體
	D-Alpha Tocopheryl Acetate			呈白色晶體粉末狀
合成生育酚	DL-alpha-tocopheryl acetate,DL-alpha-tocopherol acetate,all-rac-alphatocopherol acetate	Tocopheryl Acetate	石油化學合成	無色或微黃澄清液體 / 脂溶性

八、果酸類（Fruit Acids）

果酸為 α- 羥基酸，含有單一個羥基（又稱氫氧基，化學式 – OH，Alpha Hydroxy Acid，簡稱 AHA），羥基酸通常存在於各種水果中並分離出來，因此稱為果酸，例如牛奶（乳酸）、甘蔗（甘醇酸）、蘋果（蘋果酸）、柑橘類（檸檬酸）、葡萄（酒石酸）或苦杏仁（苦杏仁酸）為第一代 AHA，羥基具有吸收水分特性、加速角質細胞更新、軟化皮膚角質及保濕效果，以甘醇酸和乳酸是使用最為廣泛的果酸，其中又以甘醇酸分子最小，對皮膚的滲透性最強及產生的作用也最快，但對皮膚的刺激性相對高，而苦杏仁酸是目前唯一的親脂性果酸，由於具有親脂特性，因此滲透性作用越慢、親膚性較高，相對比水溶性溫和。

依食藥署規範『市售一般化粧品中含果酸及相關成分含量需小於或等於 10 ％ 濃度，且產品酸鹼值（pH）大於或等於在 3.5 以上，作為化粧品 pH 值調整劑時，不得宣稱果酸產品』，果酸經由釋放游離酸（Free Acid）乃依其 pKa（Acid dissociation constant）酸解離常數而產生不同的膚質改善程度，例如 pKa 數值越低表示酸性越強，但隨 pH 值增高，作用降低，甚至當高於 pH5 時會使大多數的果酸分子解離而失去活性，因此果酸在化粧品中的作用取決於「水溶性」、「脂溶性」、「分子量大小」、「濃度」、「pKa 酸解離常數」、「使用滯留時間」及「產品最終 pH 值」，其中以 pH 值最為關鍵，並有不同程度的發揮作用：

（一）抗老化作用

能加速角質細胞更新，促進真皮層彈力蛋白、膠原蛋白與玻尿酸增生，繼而改善皮膚表面缺陷，如細紋和皺紋，使皮膚更顯年輕。

（二）治療痤瘡作用

有助於軟化皮膚以去除老化角質，以及調節皮脂阻塞毛囊，並提升皮膚代謝與通透性，繼而改善青春痘與降低粉刺形成。

（三）保濕作用

增加皮膚角質含水量與水合作用，改善皮膚乾燥或粗糙等問題，提升皮膚光澤與柔軟更顯清透。

（四）去角質作用

促進表皮更新並加速皮膚角質細胞再生，當皮膚代謝正常時，可改善色素沉著使膚色更顯均勻，然而使用高濃度果酸時須注意皮膚防曬並避免白天使用。

（五）pH 值調節作用

檸檬酸是最廣泛應用於各類配方作為 pH 值調節用途。

第二代 AHA 有別於第一代 AHA 含有多個羥基，因此稱為多元羥基酸 Polyhydroxy Acid, PHA（多羥基酸），其功能與 AHA 相同，具有促進角質更新與新陳代謝等作用，由於分子較大，所以刺激性較小，因此可改善過度角化並具有抗炎、抗氧化、增加皮膚屏障功能及刺激膠原蛋白合成功效，因此較適於應用於敏感性皮膚類型使用，如葡萄糖酸（Gluconic Acid）。

第三代 AHA 為葡萄糖酸（PHA）結合糖苷所產生的衍生物，例如乳糖酸（Lactobionic acid）為 PHA 結合半乳糖（Galactose）所產生，而麥芽糖酸（Maltobionic acid）則是 PHA 結合葡萄糖（Glucose）的化合物，其分子大且具有更高的保濕性及螯合能力，具有抑制自由基的產生以及抗氧化作用，因此常應用於保濕及抗衰老產品製劑中。（如表 3-41 所示）

表 3-41　常見化粧品果酸成分

類型		中文名稱	INCI 名稱	分子量	性狀 \pH 值 \pKa
第一代	AHA	甘醇酸；乙醇酸	Glycolic acid	78	親水性 清澈或微黃的液體（70%濃度，pH 值 0.6）pKa3.86
		乳酸	Lactate Acid	92	親水性 透明微黏稠液體（88%濃度，pH 值 0.5）pKa3.86
		蘋果酸	Malic acid	134	親水性 白色結晶顆粒狀 pH 值 2.3/pKa3.2
		（苦）杏仁酸	Mandelic Acid	152	親脂性 白色結晶粉末狀 pH 值 0.5/pKa3.41
		酒石酸	Tartaric acid	152	親水性 白色結晶顆粒狀 pH 值 3.5/pKa2.72
		檸檬酸	Citric Acid	194	親水性 白色結晶顆粒狀 pH 值 2.2/pKa2.79
第二代	PHA	葡萄糖酸；葡糖酸內酯	Glucono Delta Lactone；Gluconolactone	178	親水性 白色結晶粉末狀 pH 值 1.0~3.0/pKa2.88
第三代		乳糖酸	Lactobionic Acid	358	親水性 白色結晶顆粒狀 pH：1.0~3.0/pKa3.8
		麥芽糖酸	Maltobionic acid	358	親水性 白色結晶粉末狀 pH：1.0~3.0/pKa3.8

九、抗菌及抗痘調理類（Antibacterial and anti-acne）

　　痤瘡（Acne）又稱為青春痘，是由皮脂在毛囊和皮脂腺中的過度累積反應，當皮脂中的甘油三酯經由細菌的分解作用，釋放游離脂肪酸繼而引發炎症反應，是最常見的皮膚炎反應。痤瘡依類型可分為發炎性痤瘡（inflammatory acne），包括白頭粉刺（whiteheads）、丘疹（papules）及膿包（pustules）；而另一種為未發炎性粉刺痤瘡（comedonal cane）如黑頭粉刺（blackheads）。而青春痘大多好發於臉部、頸部、背部和胸部，為毛囊炎的一種，是由痤瘡桿菌（Propionibacterium acnes,P.acnes）所引起的，由革蘭氏陽性菌 G（+）屬厭氧菌，痤瘡桿菌在皮膚繁殖時，會產生丙酸（propionic acid），又稱為初油酸桿菌或痤瘡丙酸桿菌（P.acnes），痤瘡的形成，是由人體皮脂腺所分泌的油脂經由毛囊排出，當分泌過多的油脂而造成毛囊阻塞並與皮脂透過毛囊將老廢角質細胞帶到皮膚表面，而形成痤瘡並從毛囊處生長出來。（如圖 3-15 及 3-16 所示）

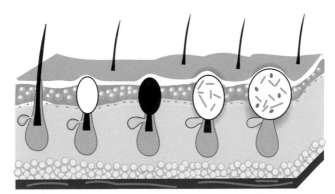

健康　白頭粉刺　黑頭粉刺　丘疹　　膿包

圖 3-15　痤瘡粉刺類型

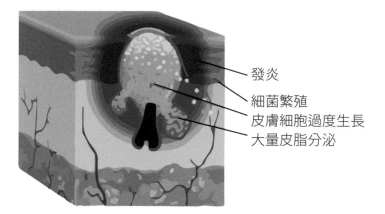

圖 3-16　痤瘡發展步驟 StepsinAcneDevelopment

發炎
細菌繁殖
皮膚細胞過度生長
大量皮脂分泌

（一）誘發痤瘡形成的因素

1. 荷爾蒙因素：受雄性激素刺激誘發皮脂腺體分泌油脂增加。

2. 過多的汗液：由於汗液含尿素、乳酸及脂肪酸等，pH 值為 4.2 ～ 7.5，因此過多的汗液將導致皮膚的 pH 值失衡與減弱皮膚的抵禦力，使皮膚表面受細菌感染，而引起毛囊發炎，甚至當隨著油脂分泌過多，更容易加速發炎的毛囊惡化。

3. 過度清潔或擠壓：一般油性皮膚者或為避免青春痘產生，往往因過度清潔而導致皮膚的 pH 值失衡，甚至過度或不恰當的粉刺處理，會誘發毛囊發炎與惡化情形。

4. 遺傳因素

5. 炎熱或潮濕環境

6. 藥物、飲食與作息

7. 使用高油脂含量產品或具刺激性與致粉刺性保養品

（二）常見治療瘡痤成分

水楊酸（Salicylic Acid）、硫磺（Sulfur）、抗生素如克林達黴素（Clindamycin）、A 酸（Retinoic acid）、過氧化苯（Benzoylperoxide）及類固醇（Corticosteroids）為常見的抗痘或治療痤瘡之成分，其中以水楊酸（Salicylic acid）及硫磺（Sulfur）屬含藥化粧品管理，因此在化粧品製劑中可依規範添加使用，而其他則屬藥品管理在化粧品中是禁止添加使用，且依「食品藥物管理署（簡稱食藥署）抗痘或治療痤瘡產品時該等產品應依藥事法、藥品查驗登記審查準則及化粧品衛生管理條例之相關規定申辦查驗登記，經核准取得許可證後始得上市」。

1. 水楊酸（Salicylates,Salicylic Acid）

水楊酸為 - 羥基酸（Beta hydroxyacids,BHA）又稱為 B 柔膚果酸，取自植物柳樹皮，不屬於果酸家族但具有類似於果酸的效果，除了有代謝角質、淡化黑斑及痘疤達到改善膚質，另外由於水楊酸屬親脂性成分，且 pKa2.98 刺激性較小，因此透過脂溶性機制以滲透皮膚皮脂和軟化已被阻塞的毛囊，可達到改善粉刺及痤瘡感染，因而也作為抗痘產品製劑之成分。

依「特定用途化粧品成分名稱及使用限制表」中，限制規定，水楊酸（Salicylic acid）成分用途為：軟化角質、面皰預防。除洗髮產品外，不得使用於三歲以下孩童之產品，限制規定及應刊載之注意事項：（如表 3-42 所示）

表 3-42　果酸與水楊酸對照

類型	果酸	水楊酸
羥基酸	α - 羥基酸（alpha hydroxy acid,AHA）	β - 羥基酸（beta hydroxy acids,BHA）；（Salicylates, Salicylic Acid）
溶解性	水溶性（杏仁酸屬脂溶性）	脂溶性

類型	果酸	水楊酸
外觀		白色結晶性粉末
分子量	依不同果酸類型而異	138.12
pH 值		2.4
濃度	依濃度、酸鹼值（pH 值）、劑型或接觸時間等因素，會有不同程度之作用。	
副作用	由於過度去除角質層，可能造成皮膚變薄弱與防禦力降低，甚至導致發紅斑或刺痛等過敏情形。	
作用機制	角質軟化、剝離及代謝更新。	
	作用於表皮至真皮層	作用於角質層
	調節皮膚含水量，透過角質更新，加速剝離與代謝，並改善輕度性粉刺痤瘡並減少細紋和皺紋改善並使已沉著的黑色素及淡化膚色。	1. 對於油性皮膚類型，以軟化皮脂並改善阻塞毛孔達預防和治療痤瘡。 2. 主要用作去角質劑，但也可用作抗炎劑、防腐劑、去頭皮屑劑或皮膚調理劑。
以下依衛生福利部公告：訂定「特定用途化粧品成分名稱及使用限制表」並自中華民國一百零九年一月一日生效【發布日期：108 年 5 月 30 日】		
限量標準	pH ≧ 3.5；惟使用後立即沖洗之洗髮或潤髮等產品，其 AHA 含量為 3% 以下時，其 pH 值得為 3.2 以上至 3.5 以下。	濃度為 0.2-2%。
限制規定	有關 pH 值檢測方式，依產品實際情形，參照「中華民國標準（CNS）化粧品 pH 值酸鹼性試驗法（總號 9036 類號 S2073）」檢驗之。	用途：軟化角質、面皰預防。 除洗髮產品外，不得使用於三歲以下孩童之產品。

類型	果酸	水楊酸
應刊載之注意事項	1. α-Hydroxy acids 對皮膚容 引起刺激性，消費者使用時應注意下列事項： (1) 皮膚敏感者，使用前請先作皮膚敏感性測試。 (2) 皮膚有損傷、傷口或紅腫時不得使用。 (3) 嬰兒及孩童不宜使用本產品。 (4) 使用時皮膚如有異常現象，請暫停使用。 (5) 使用後皮膚如有持續紅腫或出現不適應症狀時，請立即就醫診治。 (6) 本產品含 α-Hydroxy acids 成分，可能增加皮膚對陽光敏感及晒傷可能性。 (7) 使用本產品後必須使用防晒劑、穿著有保護衣物及一個星期內應避免陽光曝晒。 2. 化粧品中含 α-Hydroxy acids 成分，其含量為 10% 以下，且產品 pH 值為 3.5 以上，作為 pH 值調整液時，其標籤、仿單或包裝，得免刊載前開注意事項。	不得使用於三歲以下孩童（洗髮產品得免刊載該注意事項）。

2. 硫磺（Sulfur）

硫磺是一種黃色固態粉末狀的水溶性礦物質，具有類似於水楊酸之作用，可透過加速細胞更新而有助於改善堵塞毛孔所引起的青春痘和黑頭粉刺性痤瘡，同時也具有類似於過氧化苯甲醯（Benzoyl peroxide）的抗菌特性有助於防止引起粉刺的細菌（P.acne）擴散，因此主要應用於治療痤瘡、脂溢性皮膚炎和頭皮屑調理。雖然大多溫和

但也可能會出現皮膚乾燥、瘙癢、和刺激等副作用，因此應避免應用於受損或發炎性皮膚，可能會加重刺激，依食藥屬規範限量為 2%，其用途為預防面皰，常應用於面霜乳液等化粧品製劑中。

3. 維生素 A 酸（Retinoic acid）

維生素 A 及其衍生物在細胞中經由氧化作用轉化為 A 酸形式產生作用，A 酸又稱為維他命 A 酸、視黃酸或維甲酸，主要有促進細胞分化提升皮膚新陳代謝的功效，因此常作為痤瘡粉刺的治療以及促進膠原蛋白形成而改善痤瘡疤痕，至於市售之類 A 酸成分如維甲酸（Tretinoin）、異維 A 酸（Isotretinoin）、他扎羅汀（Tazarotene）、貝沙羅汀（Bexarotene）及 Adapalene（阿達帕林）皆屬藥品管理成分。

4. 克林達黴素（Clindamycin）

克林達黴素是一種抗生素，屬處方用藥，需在醫師診斷處方下適量使用，主要應用於治療輕度至中度的痤瘡感染，並阻止痤瘡細菌的繁殖，屬藥品管理成分。

十、抗菌及抗頭皮屑劑（Antibacterial and Anti-Dandruff Agents）

化粧品中作為抗屑成分與抗痘調理之成分如 Climbazole（氯咪巴唑）、Triclosan（三氯沙）、Piroctone olamine（吡羅克酮乙醇胺鹽）或 Zinc pyrithione（吡硫鎓鋅）其作用原理皆是以抗菌為目的，主要應用於改善及避免皮膚受細菌或真菌之感染，其中依食藥屬針對特定成分對於滯留性或非滯留性產品而有不同的濃度限制，並由衛福部食品藥物管理署公告以下：

產品之效能是以宣稱作為決定產品之屬性，基本上可分為宣稱殺菌之 OTC 藥品及一般清潔之化粧品兩類。而我國在市面上宣稱含有殺菌功效之「藥皂」、「潔手液」、「乾洗手液」等產品，係屬於藥品管理，其安全、有效及品質應符合藥事法之相關規定。此外，市面上常見的

「抗菌洗手乳」及「抗菌沐浴乳」等，作為清潔手部肌膚之用途者，屬於化粧品管理，需符合化粧品衛生管理條例相關規定，查目前化粧品中添加含 21 種抗菌劑成分之一者得宣稱「抗菌」，為避免使消費者誤認該化粧品具醫療效能或使特定專門人員用在特定疾病，衛生福利部於 102 年 3 月 26 日明令「化粧品得宣稱詞句例示及不適當宣稱詞句列舉」，化粧品不得宣稱「殺菌」。另查目前國際間僅美國 FDA 與環保署計畫針對該等產品進行再評估。

另外有關三氯沙（Triclosan）成分具有抑制微生物生長之效果，添加於人體清潔沐浴等化粧品及牙膏產品中，可達到抗菌及防腐等作用，目前國際間包括歐盟、美國、加拿大及中國大陸等國家地區，均允許該成分作為化粧品原料使用，產品中限量為 0.3%。

十一、抗過敏劑（Anti-Allergenic Agents）

化粧品製劑之配方成分可經由少數至數十種類原料的應用組成，並配合相關生產技術步驟來完成，其中還必須透過各種專業的研發過程，例如相關製劑之用途、原理與作用機制、化粧品原料的規格、安全性及操作性等相關的專業評估。

皮膚發炎為皮膚過敏症狀的一種反應，是體內企圖自我保護免受感染的正常防禦機制，而相關因使用化粧品造成的過敏反應，大多數因素乃基於皮膚的複雜性結構與使用習慣所造成的淺在性致敏是有關的，常見的接觸性皮膚炎可分為以下：

（一）過敏性接觸性皮膚炎（Allergic Contact Dermatitis, ACD）

過敏性接觸性皮膚炎是涉及個人免疫系統（Immune System）相關性的過敏反應，容易因內在或外在環境因素，而有立即性或緩慢性的症狀如發紅、疼痛、浮腫、瘙癢、丘疹或蕁麻疹等不同程度上表徵，該膚質類型被稱為敏感性膚質（Sensitive Skin），而依誘發過敏的因素如情緒、睡眠、壓力、疾病等所造成自身免疫系統下降或陽光、濕度、

季節轉換、極端氣候和持續性地慢性發炎而導致表皮屏障脆弱，甚至引發皮膚過老化及乾燥脫屑等現象。

（二）刺激性接觸性皮膚炎（Irritant Contact Dermatitis,ICD）

刺激性接觸性皮膚炎主要是化學或物理因素，依使用者使用的產品類型或方式會有立即性或緩慢性誘發反應，並且會有程度上的差異，例如使用具有刺激性的產品如果酸類、燙髮或染髮等所誘發的急性過敏反應，另一方面緩慢性誘發的皮膚炎是化粧品接觸性皮膚炎中最為常見的一種反應，是由長時期與持續性使用具有淺在致敏性成分，例如長時期過度的接觸清潔製劑、不正確的去角質次數、密集性塗抹果酸產品或侵入性保養（如雷射治療或反覆性摩擦），而使表皮屏障受損，形成薄弱、老化與不健康的外觀，其症狀包括灼熱、刺痛、瘙癢或發紅等表徵。

由於隨著年紀的增長，體內之促炎及抗炎反應的細胞因子將逐漸失衡，並可能造成人體抵禦力下降，因此根據上述誘發皮膚發炎因素與改善方式，除了避免長時期或過度使用刺激性的產品外，可藉由使用具有提升自我抵禦能力之抗敏及修護性保養成分，並配合良好的飲食及保養習慣以提升皮膚之表皮屏障防禦功能，是可以逐漸獲得改善，而目前有關皮膚抗敏或修護成分更是目前相關單位所共同致力的研究目標。（如表 3-43 所示）

表 3-43　常見化粧品抗過敏及修護性成分

項次	中文名稱	INCI 名稱	性狀 / 參考用量
1	EGF（Epidermal Growth Factor）表皮生長因子	Oligo Peptide-1	水溶性，白色粉末狀 用量：0.1mg%
2	小球藻提取物	Chlorella Vulgaris Extract	透明澄清液體 用量：1.0-5.0%

項次	中文名稱	INCI 名稱	性狀 / 參考用量
3	三胜肽 - 藍銅胜肽	Glycyl-Histidyl-Lysine-Copper（GHK-Cu）	水溶性，無味藍色粉末狀 用量：0.05~0.25%
4	天然甜沒藥醇	Bisabolol	脂溶性，透明無色至淡黃色澄清液體 用量：0.1~1.0%
5	甘草根提取物	Glycyrrhiza Uralensis（Licorice）Root Extract	水溶性，淡黃色至琥珀色澄清液體 用量：5.0~10.0%
6	白朮根莖提取物	Atractylodes Macrocephala Rhizome Extract	水溶性，淡黃色至琥珀色澄清液體 用量：5.0~10.0%
7	樺樹皮提取物物	Betula alba Bark Extract	水溶性，透明至淡黃色澄清液體 用量：5.0~10.0%
8	矢車菊提取物 Cornflower Extract	Cornflower Extract	透明至淡黃色澄清液體 用量：5.0~10.0%
9	合歡樹皮提取物	Albizia Julibrissin Bark Extract	水溶性，淡黃色至琥珀色澄清液體 用量：5.0~10.0%
10	尿囊素	Allantoin	水溶性，白色結晶粉末狀 限量標準及使用範圍： 1. 非立即沖洗產品 0.2% 2. 立即沖洗掉產品 0.5% 倘非立即沖洗產品添加超過 0.2% 至 0.5%，應申請查驗登記。
11	防風提取物	Saposhnikovia Divaricata Root Extract	水溶性，黃褐色粉末 用量：0.5~2.0%
12	金縷梅葉提取物	Hamamelis Virginiana（Witch Hazel）Leaf Extract	水溶性，透明至淡黃色澄清液體 用量：5.0~10.0%

項次	中文名稱	INCI 名稱	性狀 / 參考用量
13	洋甘菊提取物	Chamomile Recutita（Matricaria）Flower Extract	水溶性，透明至淡黃色澄清液體 用量：5.0~10.0%
14	玻尿酸（鋅）	Hyaluronate Acid,Zn	水溶性，白色粉末狀 用量：0.2~1.0%
15	神經醯胺	Ceramide	脂溶性，白色粉末狀 用量：0.2~1.0%
16	棕櫚醯三胜肽 -5	Palmitoyl Tripeptide-5	水溶性，白色粉末狀 用量：0.01~0.05%
17	絲氨基酸	Silk Amino Acid	水溶性，淡黃色至琥珀色澄清液體 用量：1.0~5.0%
18	維生素 B_5	D-Panthenol	水溶性，無色至微黃色澄清膏體 用量：0.5~3.0%
19	酵母葡聚醣	Yeast Beta Glucan	水溶性，微黃色澄清液體 0.5~3.0%
20	膜莢黃芪根提取物	Astragalus Membranaceus Root Extract	水溶性，黃褐色粉末 用量：0.5~3.0%
21	膠原蛋白	Collagen	水溶性，粉末狀或微黃色澄清液體 用量：0.5~5.0%
22	燕麥提取物	Avena Sativa（Oat）Kernel	水溶性，微黃色澄清液體 用量：0.5~3.0%
23	蝦青素	Astaxanthin	水溶性，紅褐色粉末狀 用量：0.5~1.0%
24	積雪草（雷公根）葉提取物	Centella Asiatica Extract	水溶性，微黃色澄清液體 用量：0.5~3.0%
25	蘆薈萃取液	Aloe Vera Extract	水溶性，微黃色澄清液體 用量：0.5~3.0%

CHAPTER *4*

防腐劑在化粧品中的應用

化粧品防腐劑的定義是指具有殺滅微生物或抑制微生物繁殖作用的物質。防腐劑必須在足夠的濃度比例下才能產生作用並使產品不受微生物汙染。由於化粧品中含有多種成分，如水、油脂、保濕劑、膠質、蛋白質及礦物質等營養物質，這些成分均可作為微生物生長過程所需的養分來源，因此自原料生產、原料儲存、產品生產製程、包裝、運送、架上放置及消費者使用過程中，都有可能造成化粧品被微生物汙染風險，由於化粧品原料自儲存至製程中，一般並非完全處於無菌狀態，因此為確保化粧產品成分、生產過程、成品上市及消費者使用過程能達殺菌與抑菌之作用，從原料端至生產製劑皆會添加適量的防腐劑。

4-1　化粧品防腐劑之使用目的

1. 確保產品的安全性：保護產品製程可能遭受的汙染如水質、機具設備、原料儲存、生產過程之取用、廠房環境、操作人員、包材、包裝及運輸配送過程。

2. 確保保質期品質：維持並延長產品的上市（貨架）壽命，避免儲存環境不佳，遭受濕度、溫度及光照的影響，造成產品變質。

3. 維護生產者及消費者身心健康：防止生產者及消費者因使用受微生物汙染的產品後可能引起的皮膚不適或感染等危害。

4-2　化粧品之微生物汙染源

（一）化粧品的汙染源主要可分為一次汙染及二次汙染

1. 一次汙染：指包括水、原料、生產過程使用之機具設備、儀器、容器、空氣、操作者之衣物、包裝及包裝材料等生產過程所導致的汙染。

2. 二次汙染：為運輸、儲存以及消費者使用過程時所引起之汙染。

（二）化粧品原料及成分汙染

化粧品製劑是由各種原料依不同配方及比例加工組成，自原料端可分為基質原料如水質、油脂及粉劑原料；賦形劑如界面活性劑、稠化劑膠質及蠟類原料；輔助性如防腐制菌劑、抗氧化劑、酸鹼調節劑、香料及色素和機能功效性如美白劑、防晒劑、保溼劑、除皺劑及植物萃取液等活性營養成分原料，其中又以水為大多數化粧品的主要成分。而水也是微生物生長所必備，且機能性功效成分更有助於作為微生物生長之碳素源。由此顯示原料的把關至生產端等環節皆是十分重要的。

另一方面，由於大多數的化粧品製劑其 pH 值約呈弱酸 - 中性環境（pH5.0~6.5）屬微生物最適合生長的範圍，例如真菌能夠在 pH4 以上酸性環境生長存活，而較難存活於極端酸性和鹼性的環境（pH ＜ 4 或 ＞ 10），例如果酸產品或燙髮藥水。

當化粧品製劑中的成分含較高含量之界面活性劑時，微生物不易滋生，因為界面活性劑之表面張力會影響微生物生長，例如陽離子界面活性劑具有較佳抑制性，主要是由於陽離子界面活性劑可影響微生物滲透壓，使細胞膜破裂或收縮而達到殺菌效果，然而相較於陰離子及非離子界面活性劑對於微生物之抑制則呈現較弱反應。

4-3 化粧品常見之微生物與相關規定

化粧品常見的微生物大致可分為細菌（Bacterial）及真菌（Fungus）兩類，細菌可分革蘭氏陰性菌（Gram-negative,G（-））及革蘭氏陽性菌（Gram-positive,G（+）），兩者差異在於細胞壁及結構不同，革蘭氏陽性菌的細胞壁較厚。化粧品常見的微生物為革蘭氏陰性菌包括大腸桿菌（*Escherichia coli*）及綠膿桿菌（*Pseudomonas aeruginosa*）又稱銅綠假單胞菌、革蘭氏陽性菌包括微生物如金黃葡萄球菌（*Staphylococcus aureus*）和真菌包括酵母菌（*Yeasts*）及白色念珠菌（*Candida albicans*）。

由於化粧品非屬於無菌產品，因此國內化粧品微生物之規範是不允許致病菌的存在。至於其他各國依化粧品種類和用途不同所制定標準略有差異，然而選定的病原菌種類仍大致相同，如國際間化粧品之生菌數容許量基準介於 100CFU/g~1000CFU/g 之間（Colony Forming Unit（CFU），指每克，可以形成多少菌落），且病原性微生物及特定指標菌則不得檢出。臺灣依據世界衛生組織（WHO），由臺灣衛生福利部公告不得含有特定病源菌包括大腸桿菌（*Escherichia coli*, 簡稱 *E.coli*）、綠膿桿菌（*Pseudomonas aeruginosa*，簡稱 *P.aeruginosa*）、金黃色葡萄球菌（*Staphylococcus aureus*，簡稱 *S.aureus*）。（如表 4-1 所示）

表 4-1　化粧品特定微生物

微生物類型 中 / 英文名稱	特定菌 中 / 英文名稱	外觀
細菌 Bacterial	革蘭氏陰性菌 Gram-negative,G（-）	大腸桿菌 *Escherichia coli*	
		綠膿桿菌 *Pseudomonas aeruginosa*	
	革蘭氏陽性菌 Gram-positive,G（+）	金黃色葡萄球菌 *Staphylococcu saureus*	

微生物類型 中 / 英文名稱	特定菌 中 / 英文名稱	外觀
真菌 *Fungus*	酵母菌 *Yeasts*	

而歐盟則將真菌微生物，如白色念珠菌（*Candida albicans*，簡稱 *C. albicans*）列入規範中，日本則增列革蘭氏陰性菌微生物如沙門氏菌（*Salmonella*）（如表 3-1 所示），另一方面對於嬰兒用、眼部周圍用及使用於接觸黏膜部位相關產品，其微生物容許量基準更為嚴苛，化粧品中微生物容許量基準化粧品中其生菌數均應在 100CFU/g 以下，其他類化粧品其生菌數均應在 1000CFU/g 以下，且不得檢出大腸桿菌（*E.coli*）、綠膿桿菌（*P.aeruginosa*）或金黃色葡萄球菌（*S.aureus*）等，違反者依化粧品衛生安全管理法之有關規定處辦。（如表 4-2 及 4-3 所示）

表 4-2 化粧品常見之微生物與相關規定

世界衛生組織及各國化粧品微生物容許基準			
國別	產品之生菌數（CFU/g 或 CFU/mL）		不得檢出之 特定菌
	嬰兒、眼部 周圍用	使用於接觸黏 膜部位	其他類化粧品	
世界衛生組織 （WHO）	< 100	< 100	< 1000	*E.coli,* *P.aeruginosa,* *S.aureus*
歐盟 （COLIPA）	< 100	< 100	< 1000	*P.aeruginosa,* *S.aureus,* *C.albicans*

世界衛生組織及各國化粧品微生物容許基準				
國別	產品之生菌數（CFU/g 或 CFU/mL）			不得檢出之特定菌
	嬰兒、眼部周圍用	使用於接觸黏膜部位	其他類化粧品	
美國（CTFA）	< 500	< 1000	< 1000	*E.coli, P.aeruginosa, S.aureus*
日本	< 100	< 100	< 1000	*E.coli, P.aeruginosa, S.aureus*
中國大陸	< 500	< 1000	< 1000	*E.coli, P.aeruginosa, S.aureus*
臺灣	< 100	< 100	< 1000	*E.coli, P.aeruginosa, S.aureus*

表 4-3　化粧品中微生物容許量基準

項次	產品類型	生菌數	其他規定
1	三歲以下孩童用、眼部周圍用及使用於接觸黏膜部位之化粧品	100 CFU/g 或 CFU/mL 以下	不得檢出大腸桿菌 (Escherichia coli)、綠膿桿菌 (Pseudomonas aeruginosa)、金黃色葡萄球菌 (Staphylococcus aureus) 或白色念珠菌 (Candida albicans) 等。
2	其他類化粧品	1000 CFU／g 或 ml 以下	

4-4 化粧品防腐劑的安全應用

　　防腐劑在化粧品製劑中的應用，主要作為抗微生物汙染，再好的化粧產品成分若無法有效防止微生物滋長，將使產品處於非安定性及

非安全性之高度風險狀態。因此如何選擇適合的防腐劑及有效的添加應用更是化粧品製劑中的重要程序，一個理想之防腐劑需基於安全性並且具備廣普性及全面性防護，同時必須滿足以下條件：

1. 能有效對抗化粧品特定微生物如細菌及真菌等。

2. 符合最小抑制濃度 MIC（Minimum Inhibitory Concentration），以最少添加量，即能達到對於微生物之有效抑制性。

3. 廣泛 pH 值（pH2.5~10.5）應用，對於冷熱製程之溫度皆適宜添加操作，並具備良好耐受性及配伍性條件。

4. 良好配伍性與其他防腐劑皆能偕同並用，並具有加乘性作用，同時用於產品配方中能與其他成分能維持安定性及穩定性。

5. 符合國際防腐註冊許可，具良好性價比與廣泛應用之優勢。

6. 具安全性且對眼睛黏膜、口腔及皮膚無刺激性，且不會導致經皮吸收後的淺在性危害。

7. 化粧品配方成分於上市前，通過防腐效能測試（Preser-vative efficacy test），以確保產品中的抑菌劑成分具備穩定的防腐效能。

4-5 防腐劑之主要防腐作用機制

1. 抑制微生物繁殖

防腐劑對微生物的作用，主要是與細胞外膜吸附接觸並穿越細胞膜質內，影響微生物之細胞新陳代謝，以阻礙細胞繁殖或將其殺死。

2. 抑制微生物生長

破壞微生物的細胞膜及抑制生長，使細胞內的蛋白質變性，並抑制微生物細胞的呼吸酶系統與電子傳遞系統的活性而達到殺菌的目的。

3. 甲醛釋放干擾微生物

甲醛釋放型防腐劑是透過活性應用，穿透微生物的細胞壁進入細胞內部的過程中緩慢釋放甲醛，並與細胞的核酸結合，從而抑制或徹底殺死微生物。

4-6 化粧品中無添加防腐劑

近幾年人們崇尚自然與天然產品已成為市場趨勢，加上來自各方資訊對化學性防腐劑有關安全性及刺激性的負面爭議，造成使用者對化學防腐劑產生疑慮，因此市售化粧品以無添加防腐劑作為訴求，繼而引起消費者關注。無添加防腐劑產品意謂天然素材、無刺激及安全性被視為與健康有關。無添加防腐劑的化粧品製劑，列舉以下方式：

1. 一次性密封性包裝：指產品屬無菌狀態，因此須用一次性包裝，若產品內容物不添加防腐劑，更須具備謹慎監控包括於產品全程無菌生產、原料及包裝，也必須具有完善之滅菌及檢測，甚至當商品製造完成後的儲存與運送等皆必須具有良好的因應方式與流程。

   面臨問題與疑慮：使用者在尚未建立良好概念情況下，可能對產品安全及品質帶來更多隱憂，反而造成潛在的危機。另一方面，由於化粧品製劑的成分是以高溫滅菌，將造成多數機能性成分之活性被破壞。

2. 大量醇類的應用：在產品製劑中添加高比例之醇類成分，以達到抑菌作用。

   面臨問題與疑慮：大量醇類成分將可能造成皮膚的刺激與過敏性發生。

3. 天然植物防腐劑：採用源自於具有抑菌效能之植物作為取代化學性防腐劑之應用，近幾年相關植物防腐劑之研究各國已有不少成效。

   面臨問題與疑慮：由於植物防腐劑原料之價格普遍昂貴，甚至多數的製造廠仍有應用的疑慮，因此尚未被普遍採用。

CHAPTER

5

化粧品成分與配方的應用

化粧品製劑的組成是以各種化粧品原料 (Raw materials) 經由冷、加熱或配合機械乳化與均質方式所製成，其中除了必須透過瞭解各種原料的特性與應用外，更應符合並善用其添加比例與搭配應用於製劑中，且基於安全性與穩定性為前提，賦予製劑機能性、有效性、創意性、豐富性及多元性等各種樣貌與功效。

化粧品配方成分的組成可基於基劑、賦形劑、輔助性與機能性四大原料為架構（如圖 5-1 所示），透過其各種原料的添加比例與應用所設計出各種不同類型與型態的化粧品配方。

然而欲調製化粧品製劑前，首要應清楚認識該配方製劑之型態、類型與使用目的等前提，進行初步概念與各項評估，繼而進一步設計出符合該配方製劑之要點，因此將其評估要素彙整如下：

1. 使用目的與用途。
2. 劑型與外觀型態，如水狀、稠狀、乳狀、霜狀、粉狀或固狀，及透明、非透明或色澤與光澤等。
3. 配合使用方式並考量其盛裝容器與包材。
4. 基於使用者及其膚質關係，符合功效性與機能性。
5. 成本與相關法規之行銷與訴求。
6. 各種原料與成分之組成。
7. 冷或熱操作之製程與原料添加順序。
8. 製品之各項評估，如外觀、色澤、氣味、吸收性、塗抹性、延展性、使用前後之膚觸性、穩定性、安全性與有效性等。

圖 5-1　化粧品的組成與架構

依化粧品的組成與架構，作為配方設計如下：

範例 1.

品名：洋甘菊保濕化粧水		配方日期：108.03.12	劑型：W/W	適用膚質：全膚質
訴求：含洋甘菊萃取成分與多種保濕成分，具提升肌膚保濕性，避免乾燥。				
組成與架構	**原料名稱**	**用量** (%)	**用途**	
基劑	Pure Water	To ~100.00	純水 , 溶解	
賦形劑	Hydroxyethyl Cellulose(HEC)	0.20	增稠及提升保濕潤滑之觸感	
輔助性	Disodium EDTA -2Na	0.03	螯合離子並偕同防腐	
	Phenoxyethanol (PE)	0.20	防腐劑	
	Chamomile Fragrance	0.02	洋甘菊香精 , 香氣	
	PEG-40 Hydrogenated Castor Oil (RH40)	0.03	香精增溶劑	
機能性	Chamomile Extract	3.00	洋甘菊萃取物 , 抗氧化、美白、修護、舒緩	
	Glycerine	3.00	甘油 , 多元醇保濕	
	Sodium Lactate	1.00	乳酸鈉 ,NMF 保濕	

範例 2.

品名：茶樹洗手露	配方日期：108.03.12	劑型：W/W	適用膚質：全膚質
訴求：含天然茶樹精油成分，溫和洗淨雙手。			

組成與架構	原料名稱	用量 (%)	用途
基劑	Pure Water	To ~100.00	純水 , 溶解
賦形劑	Betaine	3.00	兩性離子型界面活性劑 , 起泡劑
	SLES	3.00	陰離子型界面活性劑 , 起泡劑
輔助性	Disodium EDTA-2Na	0.03	螯合離子並偕同防腐
	Phenoxyethanol (PE)	0.20	防腐劑
	Tea Tree Oil	0.02	茶樹精油 , 香氣
機能性	Glycerine	3.00	甘油 , 多元醇保濕

以下便依相關規範來進行簡單的化粧品調製的實際操作。

5-1 清潔用化粧品 (Cleansing Cosmetics)

一、胺基酸溫和泡沫洗顏慕絲調製

相別	NO	原料名稱	建議用量 (%)	實際用量 (%)	用途
A	1	Dipropylene Glycol	1~2.00		
	2	Glycerine	1~3.00		
	3	Sodium Cocoyl Alaninate	5~10.00		
B	4	Pure Water	To~100.00		
C	5	Cocamidopropyl Betaine	5~10.00		
	6	Cucumber Extract	1~5.00		
	7	Aloe Vera Extract	1~7.00		
D	8	Citric Acid	0.01~0.05		
	9	Disodium EDTA	0.05~0.10		
	10	Phenoxyethanol	0.20~0.40		
	11	Fragrance	0.10~0.05		

操作步驟：

1. 先將 A 相與 B 相混合後並攪拌至完全溶解。

2. 待步驟 1 完全溶解後，再依序加入 C 相。

3. 待步驟 2 完成後，再加入 D 相，並攪拌至完全溶解，即完成。

二、胺基洗沐調製

項別	NO	原料名稱	建議用量 (%)	實際用量 (%)	用途
A	1	Sodium Laureth Sulfate	5~12.00		
A	2	Sodium Cocoyl Alaninate	3~8.00		
A	3	Cocamidopropyl Betaine	5~8.00		
B	4	Pure Water	To~100.00		
B	5	Glycerine	1~3.00		
C	6	Lauramide DEA	2~4.00		
C	7	Sodium Chloride	q.s		
C	8	Citric Acid	0.01~0.05		
D	9	Calendula Officinalis Extract	0.50~2.00		
D	10	Chamomile Extract	0.50~2.00		
D	11	Disodium EDTA	0.05~0.10		
D	12	Phenoxyethanol	0.20~0.40		
D	13	Fragrance	0.10~0.10		

操作步驟：

1. 先將 B 相加入 A 相混合後並攪拌至完全溶解。

2. 待步驟 1 完成後，再依序加入 C 相，調整稠度並攪拌至完全溶解。

3. 待步驟 2 完成後，再加入 D 相並攪拌至完全溶解，即完成。

三、卸粧油調製

相別	NO	原料名稱	建議用量 (%)	實際用量 (%)	用途
A	1	Caprylic/Capric Triglyceride	2~30.00		
A	2	Octyldodecyl Myristate	To~100.00		
A	3	Olive Oil	5~10.00		
A	4	Helianthus Annuus (Sunflower) Seed Oil	5~10.00		
B	5	PEG-20 Glyceryl Triisostearate	10~5.00		
B	6	Sorbeth-30 Tetraoleate	5~2.00		
B	7	Propylene Glycol	3~6.00		
C	8	Tocopheryl Acetate	0.01~0.05		
C	9	Phenoxyethanol	0.20~0.40		
C	10	Fragrance	0.03~0.05		

操作步驟：

1. 先將 B 相加到 A 相混合後，並攪拌至完全溶解。

2. 待步驟 1 完成後，再加入 C 相，並攪拌至完全溶解，即完成。

5-2 臉部保養用化粧品調製

一、植萃玻尿酸保濕化粧水調製

相別	NO	原料名稱	建議用量 (%)	實際用量 (%)	用途
A	1	PEG-40 Hydrogenated Castor Oil	0.03~0.08		
	2	Fragrance	0.02~0.04		
B	3	Pure Water	To~100.00		
	4	Propylene Glycol	1~3.00		
C	5	Sodium Hyaluronate (1.00%)	5~10.00		
	6	Aloe Vera Extract	2~5.00		
D	7	Phenoxyethanol	0.20~0.40		

操作步驟：

1. 將 A 相及 B 相分別溶解後，再將 B 相加入 A 相混合，並攪拌至完全溶解。

2. 待步驟 1 完成後，再加入 C 相及 D 相，並攪拌至完全溶解，即完成。

二、玫瑰玻尿酸化粧水調製

相別	NO	原料名稱	建議用量 (%)	實際用量 (%)	用途
A	1	Glycerine	1.00~3.00		
	2	Propylene Glycol	1.00~3.00		
B	3	Sodium Hyaluronate (1.00%)	1~5.00		
	4	Rose Water	5~80.00		
C	5	Pure Water	To~100.00		
D	6	Phenoxyethanol	0.20~0.40		

操作步驟：

1. 將 A 相及 C 相混合，並攪拌至完全溶解。

2. 待步驟 1 完成後，再加入 B 相及 D 相，並攪拌至完全溶解，即完成。

三、淨亮美膚化粧水調製

相別	NO	原料名稱	建議用量 (%)	實際用量 (%)	用途
A	1	Licorice Root Extract	2.00~5.00		
	2	Cucumber Extract	2.00~5.00		
B	3	Chamomile Extract	2.00~5.00		
	4	Glycerine	1.00~3.00		
C	5	Propylene Glycol	1.00~3.00		
	6	Pure Water	To~100.00		
D	7	Phenoxyethanol	0.20~0.40		

操作步驟：

1. 將 B 相及 C 相混合，並攪拌至完全溶解。

2. 待步驟1完成後，再加入 A 相及 D 相，並攪拌至完全溶解，即完成。

四、金盞花舒緩精華化粧水調製

相別	NO	原料名稱	建議用量 (%)	實際用量 (%)	用途
A	1	Calendula Extract	2.00~5.00		
	2	Witch Hazel Extract	2.00~5.00		
	3	Ivy Extract	2.00~5.00		
	4	Sodium Hyaluronate (1.00%)	1.00~5.00		
B	5	Glycerine	2.00~5.00		
	6	Vitamin B5(D-Panthenol)	0.50~2.00		
	7	Hydroxyethyl Cellulose(HEC)2%	3.00~8.00		
C	8	Pure Water	To~100.00		
D	9	Phenoxyethanol	0.20~0.40		
E	10	PEG-40 Hydrogenated Castor Oil	0.03~0.08		
	11	Fragrance	0.02~0.04		

操作步驟：

1. 將 B 相及 C 相混合，並攪拌至完全溶解。

2. 待步驟 1 完成後，再加入 A 相、D 相及 E 相，並攪拌至完全溶解，即完成。

五、美白保濕精華液調製

相別	NO	原料名稱	建議用量 (%)	實際用量 (%)	用途
A	1	PEG-40 Hydrogenated Castor Oil	0.03~0.08		
	2	Fragrance	0.02~0.04		
B	3	Pure Water	To~100.00		
	4	Hydroxyethyl Cellulose	0.2~0.50		
	5	Glycerine	2~5.00		
	6	Butylene Glycol	1~3.00		
C	7	Sodium Hyaluronate (1.00%)	10~20.00		
	8	Tranexamic Acid	1~2.00		
	9	Cucumber Extract	2~5.00		
	10	Green Tea Extract	2~5.00		
D	11	Phenoxyethanol	0.20~0.40		

操作步驟：

1. 將 A 相及 B 相分別溶解後，再將 B 相加入 A 相混合，並攪拌至完全溶解。

2. 待步驟 1 完成後，再加入 C 相及 D 相，並攪拌至完全溶解，即完成。

六、膠原抗皺精華液調製

相別	NO	原料名稱	建議用量 (%)	實際用量 (%)	用途
A	1	PEG-40 Hydrogenated Castor Oil	0.03~0.08		
	2	Fragrance	0.02~0.04		
B	3	Pure Water	To~100.00		
	4	Hydroxyethyl Cellulose	0.2~0.50		
	5	Urea	0.2~1.00		
	6	Butylene Glycol	1~3.00		
C	7	Sodium Hyaluronate (1.00%)	10~20.00		
	8	Silk Peptide	0.2~2.00		
	9	Hydrolyzed Collagen	1~2.00		
	10	Ginkgo Biloba Leaf Extract	2~5.00		
	11	Oat Extract	2~5.00		
D	12	Phenoxyethanol	0.20~0.40		

操作步驟：

1. 將 A 相及 B 相分別溶解後，再將 B 相加入 A 相混合，並攪拌至完全溶解。

2. 待步驟 1 完成後，再加入 C 相及 D 相，並攪拌至完全溶解，即完成。

七、全效修護精華液

相別	NO	原料名稱	建議用量 (%)	實際用量 (%)	用途
A	1	Pure Water	To~100.00		
A	2	Hydroxyethyl Cellulose (2%)	5.00~20.0		
A	3	Xanthan Gum	0.05~0.30		
B	4	Butylene Glycol	1.00~3.00		
B	5	Silk Peptide	0.20~2.00		
B	6	Hydrolyzed Collagen	1.00~2.00		
B	7	Ginkgo Biloba Leaf Extract	2.00~5.00		
B	8	Oat Extract	2.00~5.00		
C	9	Phenoxyethanol	0.20~0.40		
D	10	PEG-40 Hydrogenated Castor Oil	0.03~0.08		
D	11	Fragrance	0.02~0.04		

操作步驟：

1. 先將 A 相溶解後，再加入 B 相混合，並攪拌至完全溶解。

2. 待步驟 1 完成後，再加入 C 相及 D 相，並攪拌至完全溶解，即完成。

八、植物保濕修護乳調製

相別	NO	原料名稱	建議用量 (%)	實際用量 (%)	用途
A	1	Almond Oil	1~4.00		
	2	JoJoba Oil	1~4.00		
	3	Caprylic Capric Triglyceride	3~6.00		
	4	Vitamin E	0.5~2.00		
B	5	Pure Water	To~100.00		
	6	Butylene Glycol	1~3.00		
	7	Glycerine	2~5.00		
C	8	Polyacrylamide & C13-14 Isoparaffin & Laureth-7	1~3.00		冷製助乳化增稠劑
D	9	Fragrance	0.02~0.04		
	10	Phenoxyethanol	0.20~0.40		

操作步驟 (冷製操作)：

1. 將 A 相完全溶解後，再將 B 相加入 A 相混合，並攪拌至完全溶解。

2.待步驟 1 完成後，再加入 C 相及 D 相，並攪拌至完全溶解，即完成。

九、全能潤膚乳液（冷製操作）

相別	NO	原料名稱	建議用量 (%)	實際用量 (%)	用途
A	1	Paraffin Oil	1.00~4.00		
	2	Caprylic / Capric Triglyceride	1.00~4.00		
	3	Dimethicone	3.00~6.00		
	4	Vitamin E	0.50~2.00		
B	5	Pure Water	To~100.00		
	6	Carbomer 940(2%)	2.00~6.00		
C	7	Butylene Glycol	1.00~3.00		
	8	Glycerine	2.00~5.00		
D	9	Polyacrylamide & C13-14 Isoparaffin & Laureth-7	1.00~3.00		冷製助乳化增稠劑
E	10	Chamomile Extract	1.00~3.00		
	11	Licorice Extract	1.00~3.00		
F	12	Fragrance	0.03~0.06		
	13	Triethanolamine 95%	0.01~0.05		
	14	Phenoxyethanol	0.20~0.40		

操作步驟：

1. 先將 A 相混合 B 相，再加入 D 相混合，並攪拌至完全混合分散均勻。

2. 待步驟 1 完成後，再加入 C 相，並攪拌至完全混合分散均勻。

3. 待步驟 2 完成後，再加入 E 相及 F 相，並攪拌至完全混合分散均勻，即完成。

十、全能潤膚乳液（熱製操作）

相別	NO	原料名稱	建議用量 (%)	實際用量 (%)	用途
A	1	Glyceryl Stearate	1.00~4.00		
	2	Behenyl Alcohol（C22）	0.50~2.00		
	3	Paraffin Oil	5.00~10.00		
	4	Caprylic / Capric Triglyceride	5.00~10.00		
	5	Dimethicone	1.00~5.00		
B	6	Pure Water	To~100.00		
	7	Glycerine	2.00~5.00		
C	8	Polyacrylamide & C13-14 Isoparaffin & Laureth-7	0.20~1.00		冷製助乳化增稠劑
D	9	Chamomile Extract	1.00~3.00		
	10	Licorice Extract	1.00~3.00		
E	11	Fragrance	0.03~0.06		
	12	Phenoxyethanol	0.20~0.40		

操作步驟：

1. 先將 A 相及 B 相，分別加熱至 80 度 C。

2. 待步驟 1 皆已達 80 度 C 時，再將 B 相混合至 A 相 (或 A 相混合至 B 相)，以攪拌機 (轉數約 1000~1200 轉)，持續攪拌至降溫 (約 60 度 C)，並完全混合分散均勻。

3. 待步驟 2 完成後，再加入 D 相混合，並攪拌至完全混合分散均勻。

4. 待步驟 3 完成後，再加入 C 相 (調整最終稠度)，並攪拌至完全混合分散均勻。

5. 待步驟 4 完成後，再加入 E 相，並攪拌至完全混合分散均勻，即完成。 229

十一、茶樹抗痘舒緩凝膠

相別	NO	原料名稱	建議用量 (%)	實際用量 (%)	用途
A	1	Peppermint Essential Oil	0.02~0.06		
A	2	TeaTree Essential Oil	0.02~0.06		
B	3	Pure Water	To~100.00		
B	4	Hydroxyethyl Cellulose(2%)	10.0~20.00		
B	5	Carbomer 940(2%)	10.00~20.00		
B	6	Butylene Glycol	1.00~3.00		
C	7	Sodium Hyaluronate (1.00%)	3.00~10.00		
C	8	Lavender Water	5.00~10.00		
C	9	Witch Hazel Extract	1.00~2.00		
C	10	Cornflower Extract	2.00~5.00		
D	11	Triethanolamine 95%(TEA)	0.04~0.10		
D	12	Phenoxyethanol	0.20~0.40		

操作步驟：

1. 先將 B 相攪拌至完全溶解混合均勻。

2. 待步驟 1 完成後，再加入 C 相混合，並攪拌至完全溶解混合均勻。

3. 待步驟 2 完成後，再加入 A 相及 D 相，並攪拌至完全混合分散均勻，即完成。

5-3 彩粧用化粧品

一、物理飾底防晒乳調製

相別	NO	原料名稱	建議用量 (%)	實際用量 (%)	用途
A	1	Titanium Dioxide, TiO2	2~4.00		
	2	Zinc Oxide	2~4.00		
	3	Cyclomethicone	1~3.00		
	4	Dimethicone	2~5.00		
	5	Cetyl PEG/PPG-10/1 Dimethicone	2~4.00		
	6	Caprylic Capric Triglyceride	3~6.00		
B	7	Pure Water	To~100.00		
	8	Butylene Glycol	1~3.00		
	9	Glycerine	2~5.00		
C	10	Fragrance	0.02~0.04		
	11	Phenoxyethanol	0.20~0.40		

操作步驟 (冷製操作)：

1. 將 A 相完全分散後，再將 B 相加入 A 相混合，並攪拌至完全分散溶解。

2. 待步驟 1 完成後，再加入 C 相，並攪拌至完全分散溶解，即完成。

二、潤色飾底防晒隔離乳（冷製或熱製操作）

相別	NO	原料名稱	建議用量 (%)	實際用量 (%)	用途
A	1	Cl2-15Alkyl Benzoate	2.00~10.00		
	2	Avobezone（Parsol 1789）	2.00~5.00		
	3	Octyl Methioxycinnamate（OMC）	2.00~7.00		
B	4	D&C Red	QS		
	5	D&C Yeallow	QS		
	6	Titanium Dioxide, TiO2	2.00~4.00		
	7	Cyclomethicone	1.00~3.00		
	8	Dimethicone	2.00~8.00		
	9	Caprylic Capric Triglyceride	3.00~8.00		
C	10	PEG-10 Dimethicone	2.00~4.00		矽乳化劑
D	11	Pure Water	To~100.00		
	12	Butylene Glycol	1.00~3.00		
	13	Glycerine	2.00~5.00		
E	14	Fragrance	0.02~0.04		
	15	Phenoxyethanol	0.20~0.40		

操作步驟：

1. 先將 A 相攪拌（或加熱）至完全溶解。

2. 待步驟 1 完成後，再加入 B 相混合，並攪拌至完全分散均勻。

3. 待步驟 2 完成後，再加入 C 相及 D 相，並攪拌至完全混合分散均勻。

4. 待步驟 3 完成後，最後加入 E 相，並攪拌至完全混合分散均勻，即完成。

5-4 美體芳香用化粧品

一、SPA 芳香精華油調製

相別	NO	原料名稱	建議用量 (%)	實際用量 (%)	用途
A	1	Almond Oil	5~50.00		
A	2	Avocado Oil	5~50.00		
A	3	Dimethicone	1~5.00		
B	4	Orange Essential Oil	0.5~2.00		
B	5	Rosemary Essential Oil	0.5~2.00		
B	6	Clove Essential Oil	0.5~2.00		
B	7	Benzoin Essential Oil	0.5~2.00		
C	8	Caprylic Capric Triglyceride	To~100.00		
C	9	Vitamin E	2~5.00		

操作步驟：

1. 將 A 相完全溶解後，再加入 B 相混合，並攪拌至完全溶解。

2. 待步驟 1 完成後，再加入 C 相並攪拌至完全溶解，即完成。

二、香水調製

相別	NO	原料名稱	建議用量 (%)	實際用量 (%)	用途
A	1	Rosemary Essential Oil	2~7.00		
	2	Orange Essential Oil	2~7.00		
	3	Clove Essential Oil	2~7.00		
	4	Benzoin Essential Oil	2~7.00		
B	5	TWEEN 80	2~6.00		
C	6	Ethyl Alcohol	15~80.00		
	7	Water	To~100.00		
D	8	Phenoxyethanol	0.20~0.40		

操作步驟：

1. 將 A 相完全溶解後，再加入 B 相混合，並攪拌至完全溶解。

2. 待步驟 1 完成後，再加入 C 相。

3. 待上述完成後，最後加入 D 相並攪拌至完全溶解，即完成。

三、簡易香水調製

相別	NO	原料名稱	建議用量 (%)	實際用量 (%)	用途
A	1	香精 1	2.00~7.00		
	2	香精 2	2.00~7.00		
	3	香精 3	2.00~7.00		
	4	香精 4	2.00~7.00		
B	5	Ethyl Alcohol 95%	15.00~80.00		若含量75%以上，No. 6、7 可省略
C	6	Water	To~100.00		
D	7	Phenoxyethanol	0.20~0.40		

操作步驟：

1. 可依個人喜好，自 A 相中挑選任 2 ～ 4 種 (或更多種) 香味，分別加入 B 相混合至完全溶解，即完成。

2. 或待步驟 1 完成後，再加入 C 相及 D 相混合至完全溶解，即完成。

　　例如：若選擇瓶器為 10ml，A 相 (可依喜好搭配) 之總滴數約 5~10 滴，其餘皆為 B 相，即完成。

5-5 學習評量

（一）請依化粧品的組成與架構，設計符合品名、膚質及訴求之配方

品名：	化粧水	配方日期：		劑型：	適用膚質：
訴求：					

組成與架構	原料名稱	用量 (%)	用途
基劑			
賦形劑			
輔助性			
機能性			

（二）請依化粧品的組成與架構，設計符合品名、膚質及訴求之配方

品名：	精華液	配方日期：		劑型：	適用膚質：
訴求：					

組成與架構	原料名稱	用量 (%)	用途
基劑			
賦形劑			
輔助性			
機能性			

（三）請依化粧品的組成與架構，設計符合品名、膚質及訴求之
配方

品名：	乳液	配方日期：		劑型：		適用膚質：
訴求：						

組成與架構	原料名稱	用量 (%)	用途
基劑			
賦形劑			
輔助性			
機能性			

（四）配方設計練習

品名			劑型	/	配方日期：
相別	NO	原料名稱		%	用途
A	1				

操作步驟：

習題 CHAPTER 1 緒論

一、選擇題（每題 7 分，共 70 分）

( ) 1. 依化粧品衛生安全管理法之第三條，公告「化粧品範圍及種類表」中，下列何者未含括 (A) 美白牙齒類 (B) 香皂類 (C) 止汗制臭劑類 (D) 家用清潔劑類。

( ) 2. 依化粧品衛生安全管理法之第三條，公告「化粧品範圍及種類表」中，眼部用化粧品類未含括 (A) 眼膜 (B) 眉筆和眉粉 (C) 睫毛生長液 (D) 睫毛膏。

( ) 3. 有關我國化粧品之查驗事宜，是由政府何機關負責 (A) 行政院消費者保護會 (B) 衛生福利部食品藥物管理屬 (C) 國家發展委員會 (D) 行政院公共工程委員會。

( ) 4. 自中華民國 106 年 2 月 3 日公告「化粧品衛生安全管理法」中，修正將含有醫療及獨具藥品成分之化粧品為 (A) 含藥化粧品 (B) 準藥物 (C) 醫藥品 (D) 特定用途化粧品。

( ) 5. 下列有關一般用化粧品用詞，何者未涉宣稱療效及虛偽誇大療效 (A) 換膚美白 (B) 刺激毛囊細胞 (C) 強健髮根 (D) 活化毛囊。

( ) 6. 為確保民眾於在選購化粧品時更有保障並能與國際接軌，衛生福利部與經濟部極力推廣 (A)HACCP (B) CAS (C) GMP (D)COSMOS。

( ) 7. 有關「COSMOS 之「Natural」和「Organic」兩種認證標準，其指導原則，下列何者有誤 (A) 植物自然植栽環境及方式 (B) 研發過程可動物實驗 (C) 綠色化學的概念 (D) 包裝材質需具有可生物分解或可回收特性。

( ) 8. 有關「清真認證」是源自於 (A) 中東國家 (B) 歐美國家 (C) 臺灣 (D) 日本。

( ) 9. 依化粧品製劑之使用目的與功用分類，未包括 (A) 芳香用製劑 (B) 彩粧用製劑 (C) 頭髮或頭皮用製劑 (D) 家用清潔劑類

( ) 10. 香水、剃鬍水、面膜液、化粧水、水粉或燙髮液，屬化粧品何種製劑 (A) 液劑類 (B) 油劑類 (C) 乳劑類 (D) 固形類。

二、問答題（每題 5 分，共 30 分）

1. 依據我國化粧品衛生安全管理法，化粧品的定義為何？

2. 依據我國化粧品製劑之使用與目的可分為哪六大類？

3. 有關 COSMOS 之「Natural」和「Organic」兩種認證標準，其指導原則為何？

4. 請列舉四種化粧品安全評估方式。

5. 有關「清真認證」其生產來源之規定有哪些？

6. 有關化粧品優良製造規範 (GMP)，其目標為何？

班級：＿＿＿＿＿＿
座號：＿＿＿＿＿＿
姓名：＿＿＿＿＿＿

一、選擇題（每題 5.5 分，共 55 分）

（　）1. 下列有關於皮膚的組成，何者敘述有誤 (A) 皮膚是人體最大的器官 (B) 具有隔絕及保護人體免於外在環境的傷害 (C) 表皮是皮膚的最外層 (D) 主要由三層結構所組成，由外而內依序為表皮層、皮下組織和真皮層。

（　）2. 表皮層主要是由五層結構，由內而外依序為 (A) 基底層、有棘層、顆粒層、透明層和角質層 (B) 顆粒層、有棘層、基底層、透明層和角質層 (C) 顆粒層、有棘層、角質層、透明層和基底層 (D) 基底層、透明層、顆粒層、有棘層和角質層

（　）3. 位於表皮層之最底層，以不斷更新、分化及向外遷移形成角化組織的細胞是 (A) 基底角質細胞 (B) 黑色素細胞 (C) 默克爾細胞 (D) 蘭格漢斯細胞。

（　）4. 可保護皮膚防止外來侵略及防止水分流失與紫外線傷害，並有皮膚第一道防線之稱的是 (A) 基底層 (B) 有棘層 (C) 顆粒層 (D) 角質層。

（　）5. 可以製造黑色素及吸收紫外線保護皮膚的細胞是 (A) 基底角質細胞 (B) 黑色素細胞 (C) 默克爾細胞 (D) 蘭格漢斯細胞。

（　）6. 與皮膚免疫屏障功能如耐受性作用或過敏原物質相關的細胞是 (A) 黑色素細胞 (B) 默克爾細胞 (C) 蘭格漢斯細胞 (D) 基底角質細胞。

（　）7. 角質細胞具有細胞繁殖與合成能力，其位於皮膚之 (A) 基底層 (B) 有棘層 (C) 顆粒層 (D) 角質層。

（　）8. 具防止皮膚水分流失，使新生細胞能順利向上遷移形成角質層的是 (A) 基底層 (B) 有棘層 (C) 顆粒層 (D) 角質層。

（　）9. 含有淋巴液可供給表皮營養及感覺神經末梢，可以感知外界的各種刺激的是 (A) 基底層 (B) 有棘層 (C) 顆粒層 (D) 角質層。

（　）10. 皮膚因富含彈力蛋白和膠原纖維，可賦予皮膚具有彈性及飽滿，其主要位於皮膚哪一層中 (A) 表皮層 (B) 真皮層 (C) 皮下組織 (D) 顆粒層。

（請沿虛線撕下）

二、問答題（每題 5 分，共 45 分）

1. 關於防晒產品之標示，請說明 SPF 及 PA 其意義分別為何。

2. 請列出皮膚化粧品之經皮吸收與滲透路徑是透過哪三者所組成，並構成皮膚天然角質屏障？

3. 皮膚天然保溼因子（NMF,Natural Moisturing Factor）中含量最多的水溶性物質為哪四種成分？

4. 請敘述皮膚之皮脂膜是如何構成。

5. 皮脂膜中主要「皮脂質」成分，依含量最多為哪三者？

6. 請敘述「角質細胞間脂質」對皮膚之重要性為何。

7. 何謂經皮水分散失 (Trans-epidermal water loss,TEWL)？

8. 組成角質細胞間脂質的三種物質為何？

9. 請敘述黑色素生成為何？

CHAPTER 3
化粧品原料與應用（基劑）

一、選擇題（每題 6 分，共 60 分）

（　　） 1. 構成化粧品製劑的基本原料，也作為溶解其他成分之基本物質是 (A) 水 (B) 界面活性劑 (C) 香精 (D) 保濕劑。

（　　） 2. 製作化粧品所使用的水為 (A) 純水 (B) 礦泉水 (C) 山泉水 (D) 花水。

（　　） 3. 製作化粧品按摩油製劑所必須需應用的原料，下列何者為非 (A) 未精製油 (B) 植物油 (C) 水 (D) 合成油脂。

（　　） 4. 化粧品製劑中所使用的水質應為 (A) 含有離子的水質 (B) 飲用水 (C) 經過濾和蒸餾之軟水 (D) 以上皆可。

（　　） 5. 水質在化粧品製劑中的應用是屬於 (A) 基劑原料 (B) 賦形劑原料 (C) 輔助性原料 (D) 機能性原料。

（　　） 6. 當化粧品製劑中的水質含有離子時，可能影響製劑之 (A) 保濕性 (B) 分散性 (C) 穩定性 (D) 吸收性。

（　　） 7. 下列何者非屬於基劑原料 (A) 植物油脂 (B) 純水 (C) 界面活性劑 (D) 合成油脂。

（　　） 8. 下列何種油脂較為純淨並可保留更高的營養價值、天然香氣與色澤為 (A) 未精製植物油 (B) 精製植物油脂 (C) 合成油脂 (D) 礦物油。

（　　） 9. 下列何者為未精製植物油脂之優勢 (A) 具有良好之安定性 (B) 不易氧化或酸化 (C) 不受光照或高溫影響 (D) 富含人體所需脂肪酸。

（　　）10. 製作化粧品口紅製劑中，作為提生硬度並具有較佳耐熱性油質 (Oily) 為 (A) 蜜蠟 (B) 乳木果脂 (C) 白礦蠟 (D) 微晶蠟。

二、問答題（每題 8 分，共 40 分）

1. 請說明水質在化粧品製劑中的重要性為何。

2. 油脂的類型可依脂肪酸結構，可分為哪三類？

3. 油類、酯類和蠟類在化粧品製劑中的應用為何？

4. 請說明油脂精製（Refined）之目的為何。

5. 請說明植物油脂、礦物油脂與合成油脂在化粧品製劑中的應用與對於皮膚的作用影響。

CHAPTER 3
化粧品原料與應用（賦型劑）

一、選擇題（每題 6 分，共 60 分）

( ) 1. 常被應用於溫和清潔製劑或嬰兒用沐浴品的界面活性劑是 (A) 陰離子型 (B) 陽離子型 (C) 兩性離子型 (D) 非離子型 界面活性劑。

( ) 2. 同時具有清潔、柔軟、穩定泡沫的作用是 (A) 陰離子型 (B) 陽離子型 (C) 兩性離子型 (D) 非離子型 界面活性劑。

( ) 3. 化粧品清潔製劑中主要是利用 (A) 界面活性劑 (B) 色素 (C) 香料 (D) 保濕劑 降低溶解皮膚表面油污的表面張力，而達到清潔目的。

( ) 4. 下列何者非屬陰離子界面活性劑類型 (A) Sodium lauryl ether sulfate (B) Sodium cocoyl glutamate (C) Sodium Methyl Cocoyl Taurate (D) Cocamidopropyl Betaine。

( ) 5. 可作為調理、護髮素或衣物柔軟精的基本成分是 (A) 陰離子型 (B) 陽離子型 (C) 兩性離子型 (D) 非離子型 界面活性劑。

( ) 6. 下列何者不屬化粧品高分子膠（聚合物）(A)Betain cap (B)Carbopol (C)HEC (D)Xanthan gum。

( ) 7. 常添加於各種潤絲或護髮素產品製劑中，可作為順滑且抗糾結的成分是 (A) 高分子膠（聚合物）(B) 矽油 (C) 植物油脂 (D) 合成油脂。

( ) 8. 下列何種成分無刺激性，可保護並賦予髮絲或皮膚絲滑觸感的成分是 (A) 矽油 (B) 陽離子界面活性劑 (C) 兩性離子界面活性劑 (D) 合成油脂。

( ) 9. 為使油與水成分間能穩定結合並避免分離所應用的化粧品原料為 (A) 多元醇 (B) 高分子聚合物 (C) 界面活性劑 (D) 合成油脂。

( ) 10. 下列何種非屬於陰離子型界面活性劑成分 (A)Monosodium Cocoyl Glutamate (B) Alkyl polyglucoside,APG (C) Sodium lauryl ether sulfate ,SLES (D) Sodium lauryl sulfate ,SLS。

二、問答題（每題 10 分，共 40 分）

1. 請說明非皂化合成清潔劑與皂化清潔劑之優缺點。

2. 請說明界面活性劑的分類與應用為何。

3. 請列舉三種常見之高分子聚合物類型，並說明其在化粧品製劑的應用為何。

4. 請說明高分子聚合物在化粧品製劑的應用目的與皮膚作用為何。

CHAPTER 3
化粧品原料與應用（輔助性－色素、粉劑）

一、選擇題（每題 4 分，共 40 分）

（　　）1.主要賦予化粧品製劑之外觀色澤為下列何者成分 (A) 抗氧化劑 (B) 精油 (C) 植物油 (D) 色料。

（　　）2.廣泛應用於所有化粧品製劑中的白色顏料為 (A) 有機珍珠 (B) 玉米粉 (C) 高嶺土 (D) 二氧化鈦。

（　　）3.常添加於洗髮精、洗面乳或潤絲精製劑中，作為乳濁劑或賦予產品珍珠光澤的成分是 (A) 乙二醇硬脂酸酯 (EGMS) (B) 雲母（Mica） (C) 二氧化鈦 (TiO2) (D) 高嶺土 (Kaolin)。

（　　）4.常添加在化粧品面膜製劑中作為填充劑或吸附油脂作用的成分是 (A) 竹炭 (Amboo charcoal) (B) 玉米粉 (Corn starch) (C) 高嶺土 (Kaolin) (D) 雲母 (Mica)。

（　　）5.常添加在化粧品蜜粉或粉餅製劑中作為填充性粉體為 (A) 竹炭 (Amboo charcoal) (B) 玉米粉 (Corn starch) (C) 高嶺土 (Kaolin) (D) 雲母 (Mica)。

（　　）6.同時具有良好的遮蔽性及物理性防曬功能的成分是 (A) 玉米粉 (Corn starch) (B) 雲母 (Mica) (C) 二氧化鈦 (TiO2) (D) 高嶺土 (Kaolin)。

（　　）7.下列何者不具於化粧品填充性粉體作用 (A) 彭潤土 (Bentonite) (B) 硬脂酸鎂 (Magnesium Stearate) (C) 玉米粉 (Corn starch) (D) 無機色素（ Inorganic pigments ）。

（　　）8.具有大分子質量的高分子聚合物 (Polymers) 所製成的高分子微球粉體的成分是 (A)PMMA (B)Mica (C) Talc (D) ZnO。

（　　）9.具有中空型和親水或親油性結構具高透度與光滑性的流動性粉體是 (A) Mica (B)Silica (C)Nylon Microsphere (D)Kaolin。

（　　）10.可經由各種色素塗覆於上層所製成的成分是 (A)Mica (B)TiO2 Magnesium (C)Stearate (D)ZnO。

二、問答題（每題 10 分，共 60 分）

1. 請說明 FD & C 色素與 D & C 色素之差異性。

2. 請說明粉劑微米 (micronized) 化之目的為何。

3. 請說明粉體經表面處理之應用目的為何。

4. 何謂填充性粉體之應用目的為何。

5. 請列舉常用填充性粉體有哪些。

6. 請列舉具有防晒功能之粉體有哪些。

CHAPTER 3

習題

化粧品原料與應用

（輔助性－防腐劑、抗氧化劑、pH 值調節劑與香料）

一、選擇題（每題 6 分，共 60 分）

( ) 1. 在化粧品製劑中的應用，何者屬於非必要性添加之成分 (A) 基劑 (B) 賦形劑原料 (C) 輔助性原料 (D) 機能性原料。

( ) 2. 在化粧品製劑中，可作為提升產品之保質期以避免產品受微生物污染之物質為 (A)pH 值調節劑 (B) 香料 (C) 抗氧化劑 (D) 防腐劑。

( ) 3. 下列有關化粧品防腐劑應用之敘述，何者有誤 (A) 製作全油配方可不必添加防腐劑 (B) 為避免皮膚致敏或刺激反應，應降低添加比例 (C) 鹵化物型防腐劑易造成皮膚致敏或刺激反應，應避免用於滯留性產品 (D) 良好的防腐劑應具備良好之穩定性與配伍性。

( ) 4. 為避免化粧品中成分如蛋白質、脂質或美白劑因接觸光照與空氣所引起酸敗、異味、褐化變色等不穩定性，可於配方中添加 (A) pH 值調節劑 (B) 植物油 (C) 防腐劑 (D) 抗氧化劑。

( ) 5. 可作為調節或緩衝化粧品製劑最終 pH 值的成分是 (A) 脂肪酸 (B) 純水 (C)pH 值調節劑 (D) 界面活性劑。

( ) 6. 當於化粧品配方製劑中添加 Carbomer 時，必須協同下列何者成分以構成膠體狀外觀 (A)Triethanolamine (TEA) (B)Citric Acid (C) Xanthan Gum (D)Beheneth-25。

( ) 7. 下列何者具有偕同防腐效能之作用 (A)Naoh (B)Disodium EDTA (C)BHT (D)Citric Acid。

( ) 8. 當於化粧品配方製劑之 pH 值過高時，可添加下列何者成分以調節其酸鹼值 (A) 食鹽 (B) 抗氧化劑 (C) 高分子膠 (D) 檸檬酸。

( ) 9. 下列何者不適作為抗氧化劑用途 (A)Naoh (B)BHT (C)BHA (D) Tocopheryl Acetate。

( )10. 可賦予產品獨特的香氣或作為掩飾其他成分之氣味是 (A) 檸檬酸 (B) 香料 (C) 維他命 C (D) 植物萃取液。

二、問答題（每題 5 分，共 40 分）

1. 請說明防腐劑在化粧品製劑之應用目的為何。

2. 請說明 pH 值調節劑在化粧品製劑之應用目的為何。

3. 請列舉化粧品防腐劑分為哪四種類型。

4. 請說明抗氧化劑在化粧品製劑之應用目的為何。

5. 何謂芳香療法？

6. 請說明合成香料與植物性香料之優缺點。

7. 請說明精油與芳香療法之應用為何。

8. 請列舉精油的萃取方式有哪些。

習題 CHAPTER 3

化粧品原料與應用

（機能性－水性保濕劑－美白劑－防晒）

一、選擇題（每題 4 分，共 40 分）

( ) 1. 常被作為化粧品主要訴求及效能並賦予產品價值性為下列哪一類成分 (A) 基劑原料 (B) 賦形劑原料 (C) 輔助性原料 (D) 機能性原料。

( ) 2. 下列哪一類成分在化粧品製劑中之應用最為廣泛 (A) 美白劑 (B) 抗氧化劑 (C) 保濕劑 (D) 粉劑。

( ) 3. 下列有關化粧品保濕劑之敘述何者有誤 (A) 保濕劑可提供相似於皮膚角質屏障中存在的天然保溼劑 (B) 水性保濕劑具有結合水分子物質功能，此功能稱之為吸濕抱水能力 (C) 天然保濕因子 (NMF) 具有優越的吸濕抱水能力如甘油及 1,3 丁二醇 (D) 皮膚角質細胞的 NMF 中約含有高達 40% 胺基酸物質，可以維持皮膚光滑和柔軟性。

( ) 4. 具有優越的保水功能，又被稱為納豆膠（Natto Gum）並有植物膠原之稱的成分是 (A) 膠原蛋白 (Collagen) (B) 聚谷氨酸（γ-PGA）(C) 透明質酸（HA）(D) 乳酸 (Lactic Acid)。

( ) 5. 下列有關玻尿酸成分之敘述何者有誤 (A) 玻尿酸其分子量範圍為高分子量約 180~200 萬左右至低分子量約 5~20 萬道爾頓，其分子量越高則稠度越低 (B) 常作為提升角質屏障的保濕用途以及提升塗抹的潤滑觸感、增稠、懸浮改變流體和表皮成膜性 (C) 玻尿酸為水溶性物質具有優越的吸收水分子能力 (D) 玻尿酸屬多醣保濕劑又稱透明質酸鈉或醣醛酸。

( ) 6. 下列哪一成分塗抹於皮膚後成膜性較差 (A) 燕麥 β 葡聚糖 (B) 玻尿酸 (C) 海藻糖 (D) 1,3 丙二醇。

( ) 7. 下列哪一成分當添加較高濃度時則具有軟化角質之作用 (A) 尿素 (Urea) (B) 透明質酸（HA）(C) 膠原蛋白 (Collagen) (D) 酪梨油 (Avocado oil)。

( ) 8. 下列成分何者對於皮膚水合能力、修復和抗老化功效較弱 (A) 醣醛酸（HA）(B) 甘油 (Glycerin) (C) 膠原蛋白 (Collagen) (D) 絲胺基酸（Silk Amino Acid）。

（　　）9. 下列成分何者非屬多醣類保濕劑 (A) 幾丁聚糖 (B) 白木耳 (C) 乳酸鈉 (D) 啤酒酵母。

（　　）10. 下列成分何者對於皮膚膠原蛋白和彈性蛋白增生較無效益 (A) 維他命 C 及其延伸物 (B) 醣醛酸 (C) 戊二醇 (D) 鮭魚魚卵膠原。

二、問答題（每題 10 分，共 60 分）

1. 請列舉良好的防晒配方需具備那些條件。

2. 請說明物理性防晒與化學性防晒之優缺點有哪些。

3. 請列舉維他命 C 抗壞血酸類型有哪些。

4. 請說明開發美白製劑應注意那些問題。

5. 請說明維他命 C 抗壞血酸之美白機轉為何。

6. 請說明 Arbutin 之美白機轉為何。

CHAPTER 3
化粧品原料與應用
（機能性－抗老化劑－植物萃取－海藻－維他命劑）

班級：＿＿＿＿＿
座號：＿＿＿＿＿
姓名：＿＿＿＿＿

一、選擇題（每題 6 分，共 60 分）

（　　） 1. 下列有關胜肽之敘述，何者有誤 (A) 胜肽的組成是由不同種類的胺基酸依序列及數量不同所構成的胺基酸組合 (B) 由三個胺基酸序列組合而成稱之為三胜肽 (C) 胜肽分子通常大於膠原蛋白而較不易於皮膚吸收，因此適作為保濕性成分 (D) 胜肽可由不同的氨基酸類型及其序列所構成的胜肽鏈，而決定不同胜肽功能與特性。

（　　） 2. 具有攔截肌肉收縮信號、抑制神經傳導，減緩收縮，進而改善表情紋深度和長度的胜肽類型是 (A) 三胜肽 (B) 四胜肽 (C) 五胜肽 (D) 六胜肽。

（　　） 3. 可促進膠原蛋白增生及提升肌膚彈性，助於撫平皺紋及改善細紋與粗糙的胜肽類型是 (A) 三胜肽 (B) 四胜肽 (C) 五胜肽 (D) 六胜肽。

（　　） 4. 於化粧品製劑中成本最為昂貴的成分是 (A) 胜肽類 (B) 維生素 B_5 (C) 乳酸鈉 (D) 甘油。

（　　） 5. 可賦予產品更高價值性的成分是 (A) 滋潤性凡士林 (B) 保濕性甘油 (C) 抗老化胜肽 (D) 天然植物油。

（　　） 6. 有關皺紋顯著之老化皮膚適用下列何種成分最為理想 (A) 乳酸 (B) 膠原蛋白 (C) 甘油 (D) 六胜肽。

（　　） 7. 適用於青少年肌膚之預防性抗老化成分，適用下列何種成分 (A) 傳明酸 (B) 膠原蛋白 (C) 甘油 (D) 六胜肽。

（　　） 8. 下列何者非屬水溶性成分 (A) 膠原蛋白 (B) 五胜肽 (C) 醣醛酸 (HA) (D) 抗壞血酸棕櫚酸酯。

（　　） 9. 下列有關化粧品成分與皮膚應用之敘述，何者正確 (A) 塗抹具有美白之成分效果比防晒更為顯著 (B) 抗氧化主要作為防止或延緩皮膚氧化反應如抗自由基 (C) 延緩皮膚老化應早晚塗抹 pH 較低之產品 (D) 抗氧化劑於配方中可以提升皮膚的保護力與抵禦能力，但與美白無關。

（　　）10. 下列成分何者不具抗氧化（抗自由基）效能 (A) 丙二醇 (B) 硫辛酸 (C) 四氫薑黃素 (D) 輔酶 Q10。

二、問答題（每題 5 分，共 40 分）

1. 請列舉化粧品維生素類型之成分有哪些。

2. 請說明何謂抗自由基與化粧品成分之應用機制。

3. 請說明海藻提取物在化粧品之應用為何。

4. 請列舉三種不同胜肽類型在化粧品之特性與應用為何。

5. 請說明膠原蛋白在化粧品之應用為何。

6. 請說明抗老化與抗氧化成分在化粧品之應用為何。

7. 請列出化粧品中常見維生素類型有哪些。

8. 請列舉在化粧品植物萃取液中具有美白、鎮靜及抗氧化之成分分別有哪些。

CHAPTER 3

習題

化粧品原料與應用

（機能性－果酸－抗痘－抗屑－抗敏）

一、選擇題（每題 6.5 分，共 65 分）

（　　） 1. 具有吸收水分特性、加速角質細胞更新、軟化皮膚及保濕效果的成分是 (A) 果酸 (B) 甘油 (C) 乳酸鈉 (D) 玻尿酸。

（　　） 2. 下列何者非屬果酸類成分 (A) 苦杏仁酸 (B) 乳酸 (C) 玻尿酸 (D) 甘醇酸。

（　　） 3. 以果酸作為表皮更新並加速皮膚角質細胞再生之作用時，其最重要取決於果酸之 (A) 濃度 (B)pH 值 (C) 類型 (D) 來源。

（　　） 4. 存在於皮膚角質天然保濕因子 (N.M.F) 的果酸類型為 (A) 乳酸 (B) 甘醇酸 (C) 檸檬酸 (D) 乳糖酸。

（　　） 5. 常被作為調整 pH 值用途的果酸類型為 (A) 乳酸 (B) 檸檬酸 (C) 乳糖酸 (D) 水楊酸。

（　　） 6. 下列果酸類成分何者為脂溶性 (A) 乳酸 (B) 甘醇酸 (C)(苦) 杏仁酸 (D) 檸檬酸。

（　　） 7. 下列果酸類成分何者分子量最小 (A) 乳酸 (B) 甘醇酸 (C)(苦) 杏仁酸 (D) 檸檬酸。

（　　） 8. 下列果酸類成分等量添加後，何者對皮膚刺激性最強 (A) 乳酸 (B) 甘醇酸 (C) 檸檬酸 (D) 乳糖酸。

（　　） 9. 當化粧品製劑之 pH 值為 3.8 時，下列果酸成分何者對皮膚刺激性較高 (A)(苦) 杏仁酸 (B) 甘醇酸 (C) 乳糖酸 (D) 檸檬酸。

（　　）10. 當化粧品製劑中含有 5.0% 果酸成分，其 pH 值為 5.5 時，其作用為 (A) 換膚 (B) 保濕 (C) 角質更新 (D) 抗痘。

二、問答題（每題 5 分，共 35 分）

1. 請列舉誘發痤瘡形成的因素有哪些。

2. 請列舉三種化粧品抗痘成分有哪些，並說明其應用機制。

3. 請說明皮膚汗液誘發痤瘡形成。

4. 請比較 AHA 與 BHA 之溶解性與作用機制為何。

5. 常見的接觸性皮膚炎 ACD 與 ICD 兩者應如何區分？

6. 請說明應如何避免刺激性接觸性皮膚炎。

7. 當顧客有化粧品過敏反應時應如何面臨與處理？

習題 CHAPTER 4
防腐劑在化粧品中的應用

一、選擇題（每題 6 分，共 60 分）

( ) 1. 有關防腐劑在化粧品中的應用敘述，下列何者有誤 (A) 為提升製劑之安全性，添加濃度和比例應盡量降低或不添加 (B) 具有殺滅微生物或抑制微生物繁殖作用的物質 (C) 一個理想之防腐劑需基於安全性並且具備廣普性及全面性防護 (D) 對於冷熱製程之溫度皆適宜添加。

( ) 2. 依世界衛生組織及各國化粧品微生物容許基準，不得檢出之特定菌，何者為非 (A) 金黃色葡萄球菌 (B) 痤瘡丙酸桿菌 (C) 綠膿桿菌 (D) 大腸桿菌。

( ) 3. 下列何者非屬防腐劑成分 (A)Imidazolidinyl urea (Germall 115) (B) Methylchloroisothiazolinone (MCI) (C) Hyaluronate Acid(HA) (D) Phenoxyethanol（PE）。

( ) 4. 有關防腐劑之防腐機制，下列敘述何者正確 (A) 甲醛釋放型防腐劑是透穿透微生物的細胞壁，進入細胞內部的過程中緩慢釋放甲醛 (B) 影響微生物之細胞新陳代謝，以阻礙細胞繁殖或將其殺死 (C) 破壞微生物的細胞膜及抑制生長，使細胞內的蛋白質變性 (D) 以上皆是。

( ) 5. 有關化粧品無添加防腐劑的應用，下列何者有誤 (A) 於化粧品製劑中採添加高比例之醇類成分，而達到抑菌作用 (B) 以高溫方式進行滅菌使產品達無菌狀態，並於開封後其保存期限可維持 6 個月 (C) 當化粧品製劑以大量醇類作為防腐時，相對造成皮膚刺激之風險提高 (D) 當化粧品製劑為無水配方時，無須添加防腐劑。

( ) 6. 有關防腐劑類型在化粧品中的應用敘述，下列何者正確 (A) 應用於眼霜或唇部之製劑時，須選用可滯留性之防腐劑 (B) 根據美國 FDA 建議氯苯甘醚 (Chlorphenesin)，不得用於嬰兒或三歲以下幼童之產品 (C) 甲基氯異噻唑啉酮 (Methylchloroisothiazolinone,MCI) 限用於沖洗掉產品 (D) 以上皆是。

（　）7. 下列何者非屬鹵化物型防腐劑 (A) 咪唑烷基脲 (IU) (Imidazolidinyl urea,Germall 115) (B) 碘丙炔醇丁基氨甲酸酯 (Iodopropynyl butylcarbamate,IPBC) (C) 甲基異噻唑啉酮 (Methylisothiazolinone,MI/MIT) (D) 甲基氯異噻唑啉酮 (Methylchloroisothiazolinone, MCI)。

（　）8. 為避免產品變質或遭微生物污染，因此必須在製劑中添加何種成分 (A) 抗氧化劑 (B) 維他命 E 油 (C) 防腐劑 (D) 尿囊素。

（　）9. 為避免產品遭微生物污染須注意下列哪些？ a. 自原料生產 b. 原料儲存 c. 產品生產製程 d. 包裝 e. 運送 f. 架上放置 g. 消費者使用過程 h. 產品應冷藏 (A)bcdeh (B)adegh (C)abcdefg (D)abcdefgh。

（　）10. 當產品於運輸、儲存或消費者使用過程所引起之汙染，稱之為 (A) 一次污染 (B) 二次污染 (C) 三次污染 (D) 四次污染。

二、問答題（每題 10 分，共 40 分）

1. 化粧品常見之微生物與相關規定中，由臺灣衛生福利部公告不得含有特定病源菌有哪些？

2. 請說明化粧品常見微生物中，其分類與其代表性菌有那些。

3. 請列出化粧品中不得檢出的細菌有那些。

4. 請說明化粧品之微生物汙染源為何。